Etzold/Lewandowski · Das Golf GTI Buch

TECHNIK · ENTWICKLUNG · TUNING

ETZOLD/LEWANDOWSKI

DAS GOLF GTI-BUCH®

Golf GTI I
Golf GTI II
Golf GTI 16 V

MOTORBUCH VERLAG STUTTGART

Einbandgestaltung: Siegfried Horn

ISBN 3-613-01006-2

2. Auflage 1988

Ein Unternehmen der Paul Pietsch-Verlagsgruppe GmbH & Co. KG.

Satz und Druck: Vaihinger Satz und Druck GmbH, 7143 Vaihingen/Enz.
Bindung: Großbuchbinderei E. Riethmüller, 7000 Stuttgart 1.
Printed in Germany.

Inhalt

Vorwort

Wenn sich in einem Produkt die Vorstellungen des Erzeugers mit den geheimen Wünschen des Kunden treffen, ist ein Bestseller gelungen.

Einen solchen Wurf haben wir mit dem Golf und seinem sportlichen Exponenten, dem Golf GTI, dessen Werdegang in diesem Buch dargestellt ist, vor uns.

Der GTI hat – wie der Golf auch – eine neue Fahrzeugklasse geschaffen, in der die Volkswagentugenden der Bescheidenheit und der zuverlässigen Beständigkeit mit automobiltechnischer Höchstleistung verschmolzen sind. Mit diesen Eigenschaften hat er sich Freunde in aller Welt erworben.

Der Golf GTI wurde zum viersitzigen Sportwagen par excellence. Noch bevor Verkaufszahlen seine Beliebtheit nüchtern belegten, hat die in- und ausländische Presse seine Faszination erkannt. Schlagzeilen wie »Der Golf im Schafspelz«, »Heißer Ofen für Tiefstapler«, »La voiture qu'on achète en rêve, les yeux fermès« (Ein Wagen, den man unbesehen kaufen kann) oder »My Golf is my image« versuchten, dieses außergewöhnliche Automobil zu charakterisieren.

Der Golf GTI ist eines jener Autos, die unübersehbar deutlich machen, daß der Fortschrittsprozeß im Automobilbau von der europäischen Automobilindustrie maßgeblich bestimmt ist. Daß ihn bald und in zunehmender Zahl andere europäische Markenfabrikate im Wettbewerb jagten, hat seiner Beliebtheit und seiner Spitzenposition keinen Abbruch getan.

Der GTI hat nicht allein seinen Besitzern viel Freude bereitet. Er hat dem Motorsport ein neues Feld eröffnet und mehr als 40 Tuningfirmen zu immer neuen Ideen angeregt.

Die deutsche Automobilindustrie hat als einer der Hauptträger der deutschen Wirtschaft auch die Herausforderung für ständige technische Innovation angenommen. Allein unsere technische Leistungsfähigkeit wird uns in der rohstoffarmen exportabhängigen Bundesrepublik Deutschland auf Dauer in die Lage versetzen, unseren Wohlstand und damit unsere soziale Sicherheit zu erhalten.

Der Golf GTI ist ein lebendiger Beitrag der Volkswagen AG zu dieser Entwicklung. Und der Golf GTI 16V dokumentiert unsere Politik der ständigen Weiterentwicklung.

Carl H. Hahn

Noch getarnt: Als »Golf LS« fährt das erste GTI-Musterfahrzeug – mit dem amtlichen Kennzeichen WOB - VS 70 – auf öffentlichen Straßen. Nichts weist darauf hin, daß unter der Motorhaube ein 110 PS starkes Triebwerk steckt.

Die Golf GTI-Story

Uneinholbares Original

Mit dem Golf GTI wurde eine Modellbezeichnung zum Symbol einer neuen Fahrzeug-Kategorie, für die das Original noch immer Maßstab ist.

Bisher hat noch nie in der Automobilgeschichte ein simples Modell-Kürzel so nachhaltig eine ganze Fahrzeug-Kategorie charakterisiert wie die drei Großbuchstaben GTI. Wörtlich bedeutet das etwa **G**ran **T**ourisme **I**njection. Doch die Abkürzung GTI steht heute sinnbildlich für eine kompakte Limousine mit ausgeprägt sportlichen Eigenschaften hinsichtlich der gebotenen Fahrleistungen und dem sicheren Fahrverhalten. Das Ganze wird kombiniert mit einem Höchstmaß an Wirtschaftlichkeit, gutem Raumangebot und einer ausgeprägten Alltagstauglichkeit.

Kein Produkt eines Automobilwerkes – und gut zehn Jahre nach dem ersten öffentlichen Erscheinen des VW Golf GTI gibt es bereits gut zwei Hände voll Plagiate aus aller Welt – kann bis heute all jene Kriterien so optimal auf sich vereinen wie eben jener »Sport-Golf«, der Ende Mai 1975 unter der werksinternen Bezeichnung EA 195 im Volkswagenwerk in Wolfsburg entstand und bereits im September des gleichen Jahres auf der Internationalen Automobilausstellung (IAA) in Frankfurt einem breiten Publikum vorgestellt wurde.

Der Golf GTI, der seit dem Beginn seiner Serienproduktion im Sommer 1976 mit nur relativ wenigen grundlegenden Änderungen bis Oktober 1983 rund 450 000 mal gebaut und verkauft wurde und damit etwa 8 Prozent der gesamten Golf-Produktion ausmacht, ist ein exzellentes Beispiel dafür, wie man aus vorhandenen Teilen einen völlig neuen Autotyp kreieren kann: Baukasten-Technologie in Vollendung.

Der Weg vom ersten Gedanken bis hin zur Serienproduktion dieser bis vor zehn Jahren noch unbekannten Fahrzeugklasse war freilich komplizierter als man sich das gemeinhin vorstellt. Die allererste Idee für einen Golf sportlicher Prägung datiert aus dem März 1973 – exakt ein Jahr, bevor der VW Scirocco aus den bewachten Hallen und den mit Maschendrahtzaun versperrten Testgeländen der VW-Entwicklungsabteilung das Rampenlicht der Öffentlichkeit erblickte und 14 Monate bevor der erste Golf im Mai 1974 eine neue Ära des größten deutschen Automobilunternehmens einleitete. Denn der Käfer-Nachfolger barg, gemessen an der luftgekühlten Heckmotor-Tradition des niedersächsischen Auto-Konzerns geradezu revolutionäre Züge in sich: Wassergekühlter, quer zur Fahrtrichtung eingebauter Reihenvierzylinder mit obenliegender Nockenwelle; angetriebene Vorderräder und eine kompakte Karosserie mit kleinen Überhängen und einer großen Heckklappe. Ein Auto also, das mit dem erfolgreichsten deutschen Produkt der Nachkriegszeit, dem VW Käfer, nur noch das weltbekannte VW-Enblem gemeinsam hatte.

Dieses neue Auto, das dem Volkswagenwerk einen Vorsprung durch fortschrittliche Technik garantieren sollte, wurde – und dafür konnten Entwickler wie Marketing-Strategen nichts – mitten in die Zeit des ersten sogenannten »Öl-Schocks« (oder auch Energiekrise) hineingeboren. Öl und damit Benzin wurden knapper und folglich teurer. Es wurden autofreie Sonntage diskutiert und auch amtlicherseits durchgeführt, und es entstand erstmals in der Bundesrepublik eine ernstzunehmende Anti-Auto-Stimmung. Hohe Motorleistung, sportliches Fahrverhalten und hoher Energieverbrauch waren in der breiten Öffentlichkeit bald verpönt. Autos ließen sich besser durch niedrige Verbrauchszahlen und schlichtes Auftreten verkaufen als durch rasante Beschleunigungszeiten.

Heute, gut zehn Jahre danach, hat sich das Bild wieder gewandelt. Die Werbung spricht vom »Club 200« und Spoiler gelten selbst an schlichten Familien-Karossen als durchaus standesgemäß. Zumal dann, wenn sie den Cw-Wert verbessern, der sinnbildlich für die Stromlinienförmigkeit einer Karosserie steht. Je niedriger sein Wert, desto geringer der Luftwiderstand und damit der Energieverbrauch. Denn darauf – und das ist von der Ölkrise im Bewußtsein geblieben – legt der Käufer selbst schneller Automobile auch heute noch gesteigerten Wert: »Rund 200 Sachen sollte der Apparat schon gehen, aber mehr als 10 Liter auf 100 Kilometer darf er dabei nicht schlucken...«

In jener Zeit also, in der das Autofahren nicht mehr so sehr auch Spaß machen sollte, sondern vielmehr nüchtern auf den Transport von A nach B reduziert wurde, startete der Käfer-Nachfolger Golf sein Dasein und machte seine Sache erstaunlich gut: Er verband in seiner Preisklasse zeitgemäßes Aussehen mit überlegenen Fahreigenschaften und Fahrleistungen bei durchaus wegweisenden Verbrauchswerten. Schon bald nach Erscheinen galt der Golf als Maßstab für eine kompakte, handliche, flinke und wirtschaftliche Familien-Limousine mit erstklassiger Alltagstauglichkeit unter allen Bedingungen. Bis heute gibt es nur wenige Hersteller, die nicht ein dem Golf nachempfundenes Modell im Programm anbieten.

Dieser automobilhistorische Hintergrund hat ohne Zweifel dazu geführt, daß schon im März 1973 in einigen wenigen Köpfen im Wolfsburger VW-Werk die Idee entstand, dem Golf – der damals noch nicht einmal auf dem Markt war – eine sportliche Variante zur Seite zu stellen.

Diese Idee – und das ist in großen Industrieunternehmen mit gigantischer Verwaltung und einer Vielzahl von Abteilungen unüblich – wurde freilich nicht von oben nach unten delegiert und zur Realisation gleichermaßen befohlen, sondern sie entstand ganz unten an der Basis. Natürlich nicht irgendwo in der Produktion, sondern dort, wo man sie richtigerweise vermutet: In der Entwicklungsabteilung, kurz FE (Forschung und Entwicklung) genannt.

Dort arbeitete seit März 1971 in der Untergruppe Pkw-Versuchsabteilung der heute 50jährige Kraftfahrzeug-Diplom-Ingenieur Alfons Löwenberg, der über eine illustre Vergangenheit verfügt. Der gebürtige Trierer kam von einer anderen Automobilfirma, wo er an sportlichen Fahrzeugen gearbeitet hatte. Klar, daß nach dem Wechsel zum sportfreudiger werdenden VW-Werk Anfang der 70er Jahre in Löwenbergs Adern immer noch schnelles Sportfahrer-Blut floß. Zunächst beschäftigte er sich jedoch weisungsgemäß mit der Auswertung von Testflotten-Erfahrungen.

Schon bald kannte Löwenberg das riesige VW-Testgelände bei Ehra-Lessien wie seine Westentasche und lernte nach und nach wichtige und einflußreiche Vorgesetzte aus seiner und den mit der FE-Abteilung zusammenarbeitenden Abteilungen der »Kompanie« kennen.

Allen voran Pkw-Entwicklungschef Hermann Hablitzel, den Fahrwerkspezialisten Detlef Banholzer, Jürgen Adler, den Aufbauexperten und Assistent von Hablitzel, den Motorversuchsingenieur Alfred Beier, den für Fahrwerksabstimmungen verantwortlich zeichnenden Herbert Horntrich, aber auch den obersten Entwicklungschef, Professor Dr. Ernst Fiala. Alles Männer, die für die spätere Entwicklung und Durchsetzung der Idee von einem sportlichen Golf einmal wichtig werden sollten. Alfons Löwenberg hat nämlich zugegebenermaßen einen Stein ins Rollen gebracht, ihn aber als alleinigen Vater des GTI zu bezeichnen, wäre etwas vermessen und entspräche nicht den historischen Tatsachen.

Dennoch stand im März 1973 Löwenbergs Überlegung, daß ein kleines, billiges Sportgerät speziell für eine jüngere Käuferschicht noch nicht auf dem Markt existierte, am Anfang des Projekts.

Im März 1974 wurde die Golf-Coupé-Version Scirocco, zwei Monate vor dem Golf, offiziell vorgestellt und auch schon bald mit einem Motor unter der Modellbezeichnung Scirocco TS wahlweise ausgerüstet, den es bereits im Audi 80 GT zu kaufen gab: Diese 1,5-Liter-Maschine mobilisierte gegenüber der Basisvariante 10 PS mehr und damit 85 PS. Allerdings machte sich die höhere Leistung des für Superbenzin ausgelegten Triebwerks in den Fahrleistungen nicht spektakulär bemerkbar.

Gut ein halbes Jahr nach der ersten Scirocco-Präsentation im November 1974 war auf dem VW-Versuchsgelände in Ehra-Lessien ein Testtag anberaumt, bei dem die Techniker dem Entwicklungschef Ernst Fiala einmal zeigen wollten, »was in seiner Abteilung alles so läuft«. Bei dieser Gelegenheit bekamen dann die bisherigen FE-Diskussionen um einen schnelleren Golf erstmals öffentlichen Charakter. Denn neben zahlreichen serienmäßigen und seriennahen Volkswagen stand da auch ein Scirocco, der in der FE als Prinzipstudie für Fahrwerksabstimmungen galt. Jenes Auto wurde von dem aus dem Audi 80 GT entliehenen und inzwischen weiterentwickelten gut 100 PS starken Registervergaser-Motor angetrieben und rollte auf 6 Zoll breiten Alu-Felgen, die mit Reifen der Dimension 205/60 HR 13 bezogen waren. Der derart aufgemöbelte Scirocco sorgte bei den Technikern für angeregte Diskussionen.

In den sich anschließenden zahlreichen Konferenzen und Tagungen wurden sich die Auto-Spezialisten recht schnell einig, daß eine gezielt auf Sportlichkeit getrimmte Version des neuen Frontantriebskonzeptes gebaut werden sollte. Im Gespräch waren von Anfang an nur drei Modelle: Der Audi 50, der Golf oder der Scirocco. Mit dem Anhang J des internationalen Automobil-Sportgesetzes der Fédération Internationale d'Automobile (FIA) auf dem Tisch, das die Bedingungen für den sportlichen Einsatz eines jeden Automobils regelt (Homologation), wurde von Fachleuten aus dem Fahrwerks-, Motor- und Karosseriebereich die Marschrichtung festgelegt. Daran beteiligt waren auch einige sportbegeisterte Mitarbeiter aus den Abteilungen Presse, Marketing und Vertrieb.

Die Sportversion sollte ein Auto sein, das von der Motorgröße her für den Breitensport geeignet war, das zu hohen Verkaufszahlen befähigt ist und serienmäßig bereits mit für den wettbewerbsmäßigen Einsatz notwendigen Ausstattungsdetails wie profilierten Sportsitzen, griffigem Lenkrad, innenbelüfteten Scheibenbremsen vorne und einem Ölkühler ausgerüstet sein sollte. Die Wahl fiel unter diesen Vorgaben eindeutig auf den Golf, der problemlos in der Hubraumklasse bis 2000 cm^3 konkurrenzfähig sein könnte (der größte Audi 50-Motor hatte nur 1,3

Liter Hubraum, eine größere Motorversion war nicht vorgesehen) und für den damals schon eine Stückzahl-Größenordnung von 5000 pro Jahr geschätzt wurden.

Nachdem diese grundsätzliche Frage geklärt war, wurde im Anschluß nur noch zwischen Technikern und Marketingleuten über den Umfang der serienmäßigen Ausstattung debattiert. Das Auto, das auf dem Papier zunächst nur über die allernotwendigsten technischen Voraussetzungen für den sportlichen Einsatz verfügen sollte, mußte im Anschaffungspreis so billig wie möglich sein, durfte den potentiellen Sportfahrern aber gleichzeitig keine zusätzlichen Probleme bei der vom Sportgesetz her geforderten Homologation aller Ausstattungsdetails machen, die nicht serienmäßig waren.

Unterdessen machten sich die Techniker aus der Pkw-Entwicklung an die Arbeit: Als erstes wurde ein schlichter Golf in Basisversion mit gelber Lackierung zum Sport-Prototypen umgebaut. Er erhielt eines jener weiterentwickelten 85-PS-Triebwerke, das durch Hubraumvergrößerung, eine Spezial-Schalldämpfer-Anlage und eine veränderte Düsenbestückung des Zweistufen-Registervergasers zwischen 98 bis 105 PS leistete.

Das tiefergelegte Fahrwerk (vorn 10 mm, hinten 20 mm) und eine straffere Feder- und Dämpferabstimmung sowie 185/70er Reifen auf 6 Zollfelgen

Eifelrennen 1975. Ein GTI-Prototyp wird erstmals als Pacecar eingesetzt. In dieser Phase ist der Golf noch mit einem 100-PS-Vergaser-Motor ausgerüstet, dafür aber schon mit Breitreifen der Größe 205/60 HR 13. Die GTI-typischen Kotflügelverbreiterungen fehlen noch.

verhalfen zu sportlicherem Fahrverhalten bei sehr guter Handlichkeit. Zwei Recaro-Sportsitze und eine schwarze Instrumententafel werteten den Innenraum jenes ansonsten völlig harmlos dreinschauenden Prototyps auf, der später einmal als GTI eine neue Auto-Kategorie begründen sollte.

Im Februar 1976 stand der für den Audi 80 GTE entwickelte 1,6-Liter-Einspritzmotor mit Bosch-K-Jetronic und 110 PS Leistung zur Verfügung. Damit war auch die Frage nach einer angemessenen Motorisierung für den Sport-Golf beantwortet. In der Folgezeit wurden – bis zur endgültigen Entscheidung und offiziellen Erteilung eines Entwicklungsauftrages für einen Sport-Golf (Entwicklungs-Auftrag 195, kurz EA 195) Ende Mai 1975 – noch weitere sechs Prototypen auf unterschiedlich breite Räder gestellt. Alle waren verschieden ausgestattet. Der eine zahm mit recht komfortabler Fahrwerksauslegung, freundlicher Innenraumgestaltung und gemäßigter Motor-Charakteristik. Der andere knallhart, innen total mattschwarz und der ganzen Power, die der Einspritzmotor zu mobilisieren imstande war – und ein dritter Versuchswagen wieder vom Gesamteindruck her eher als guter Kompromiß aus den beiden Extremen. Mit diesen Autos wurde dann zunächst werksintern, und später auch außerhalb (beispielsweise als pace-car bei Tourenwagenrennen auf dem Nürburgring), die Werbetrommel für das sportliche Projekt gerührt.

Die wenigen Prototypen wurden in der Entwicklungsabteilung reihum gereicht, jeder konnte sich eine eigene Meinung über Qualitäten und Untugenden bilden. Auf diese Art wurden zahlreiche Testkilometer im ganzen Bundesgebiet mit den ersten handgefertigten Fahrzeugen zwischen Anfang und Mitte 1975 absolviert. Freilich bekamen nur solche Mitarbeiter die präparierten Golf-Prototypen zur Wochenend-Spritztour, die die Fahrzeuge nicht nur heil nach Wolfsburg zurückbrachten, sondern auch in Form von fachkundigen Kommentaren zur Weiterentwicklung des Modells beizutragen vermochten.

Maßgeblichen Anteil an dieser Vorentwicklungsgeschichte für den Golf GTI – diese Bezeichnung kristallisierte sich übrigens erst relativ spät im Frühjahr 1976 nach mehreren Gesprächen zwischen der Marketing-Abteilung und Entwicklungschef Ernst Fiala heraus – hatte unbestritten der damalige Pkw-Entwicklungsleiter Hermann Hablitzel. Seine nicht zu unterschätzende Beteiligung bestand zunächst vor allem darin, daß er den jungen Technikern freie Hand beim Experimentieren ließ und sich auch – sozusagen auf dem kleinen Dienstweg – um die Beschaffung von Fahrwerks- und Motorteilen bemühte, die zum Aufbau der Prototypen erforderlich waren. Wäre nämlich zwischen März 1973 und der offiziellen Erteilung des Entwicklungsauftrages an die Techniker der FE-Abteilung im Mai 1975 die Verwirklichung der Idee bis hin zum gelben Prototyp auf dem normalen Dienstweg des Konzerns abgelaufen, dann gäbe es den Golf GTI heute zumindest in der jetzigen Form überhaupt nicht.

Als dann im Juli 1975 Herbert Schuster die Leitung des Pkw-Versuches übernahm, wurde die Fahrwerksabstimmung nochmals überarbeitet. Schuster überzeugte seine Vorgesetzten und Mitarbeiter davon, daß der Golf GTI kein reinrassiges Sportfahrzeug sein durfte, sondern eine sehr sportliche Limousine bleiben sollte. Ihm ist es zu verdanken, daß serienmäßig Stabilisatoren an Vorder- und Hinterachse, Federn mit geänderter Kennung und straffere Stoßdämpfer zum Einsatz kamen. Von Mai bis September 1975 wurde jedenfalls mit aller Kraft an der Fertigstellung eines ersten, serienreifen Golf GTI gearbeitet, den man auch vorzeigen konnte. Und das gelang auf Anhieb. Auf der IAA 1975 präsentierte das Volkswagenwerk einen marsroten GTI (zunächst – neben silbermetallic – die einzig lieferbare Lackierung) mit schwarzen Kunststoff-

Im Prototyp fehlte das für den GTI noch so typisch werdende Lenkrad mit Vertiefung.

Kotflügelverbreiterungen, 175/70 HR 13-Reifen, einem größer dimensionierten schwarzen Frontspoiler und mattschwarzer Heckscheibenumrandung, die eine üppigere Glasfläche suggeriert. Serienmäßig hatte dieses Fahrzeug bereits Sportsitze, ein Dreispeichen-Lenkrad mit eloxierten Streben und einer neckischen Vertiefung in der Nabe, die von einigen Fach-Journalisten ziemlich abwertend als Spucknapf bezeichnet wurde, und die sich trefflich zur Aufbewahrung des als Golfball stilisierten GTIeigenen Schaltknaufs anbot. Zur Serien-Ausstattung gehörten ferner gut profilierte Sportsitze, die mit einem freundlichen Karomuster auf der Sitz- und Lehnenfläche bezogen waren; ein in schwarz gehaltenes Armaturenbrett und ein ebenfalls in mattschwarz eingefärbter Dachhimmel. Zum Lieferumfang für den Grundpreis von knapp 14000 Mark zählten auch so nützliche Dinge wie der Heckscheibenwischer und ein Ölkühler, der übrigens vom Käfer stammte. Von der IAA-Vorstellung bis zur serienreifen Fertigung des Top-Golf (Juni 1976) verging allerdings noch einmal ein dreiviertel Jahr. Genau die Frist, die der Verband der Automobilindustrie (VDA) von der ersten öffentlichen Messe-Vorstellung bis zum Serienproduktionsanlauf für ein neues Modell zuläßt.

Aus Sicht der heute noch im Wolfsburger Konzern beschäftigten Techniker hört sich die – gemessen am Aufwand für andere neue Modelle – zeitlich doch recht kurze Entwicklungsgeschichte des Golf GTI weit weniger abenteuerlich an: Der ganz offizielle Startschuß fiel am 6. März 1975, als Ingenieur Adler in der erst zweiten Sitzung der vom damaligen VW-Chef Toni Schmücker neu geschaffenen Produkt-Strategie-Kommission (PSK) die Idee eines sportlichen Golf vorstellte.

Argumente gegen diesen Vorschlag wurden zunächst von der Marketing- und Vertriebsabteilung laut: Man könne einem Volkswagen nicht auf einmal ein sportliches Image geben, da dies dem Grundgedanken eines Massenfahrzeuges widerspreche, hieß es. Dem hielten die Entwicklungstechniker entgegen, daß der konventionelle Käfer-Käufer keineswegs mit dem Golf-Käufer identisch sei. Darüberhinaus, so die Vertriebsleute, hatten sich andere sportliche Modelle nicht gerade als Verkaufsrenner entwickelt. Sie schätzten daher auch die verkaufbare Stückzahl für einen sportlichen Golf recht vorsichtig auf 5000 Einheiten pro Jahr ein. Außerdem müsse der Reduzierung der

Der erste »handgemachte« viertürige GTI. Als Basis diente die Rabbit-Karosserie für den US-Markt. Als Zusatzausstattung hatte der 1977 fertiggestellte Viertürer einen Kamei-Anbausatz.

Golf-Produktionskosten und der Stabilisierung seines Qualitätsstandards Vorrang vor einer Image-Verbesserung des Autos – ein wichtiges Argument der Entwicklungsingenieure – eingeräumt werden. Zwischen diesen beiden Strömungen polarisierte sich zunächst die grundsätzliche Diskussion über die Entwicklung einer sportlichen Golf-Version. Doch schon knapp drei Monate später – am 28. Mai 1975 – hatte sich die PSK zu einer grundsätzlichen Entscheidung durchgerungen und Pkw-Entwicklungschef Hermann Hablitzel präsentierte der Kommission ein Arbeitspapier, das in knappen Absätzen die Aufgabenstellung des neuen Projekts, seine Funktion, seine wichtigsten Erscheinungsmerkmale und die Vorgabe bei seiner Entwicklung umriß:

Vorlage PSK 28.05.1975
PKW-Entwicklung

Professor Fiala
- 9. JUNI 1975

"Sport - Golf"
EA 195

PKW-Entwicklung

H. Hablitzel

:3.05.1975

ad/lwg-mo

1.1 **Aufgabenstellung**

Auf Anregung der FE/Pkw-Entwicklung wurde zusammen mit Marketing/Individual-Fahrzeuge und Presse-Abteilung/PR das Konzept einer sportlichen Variante des Golf erarbeitet.

Mit diesem Modell sollen die Kundenkreise angesprochen werden, die an einem kompakten Fahrzeug mit hohen Fahrleistungen interessiert sind. Darüberhinaus ist anzustreben, daß der interessierte Kundenkreis diesen Golf mit Erfolgsaussichten bei motorsportlichen Wettbewerben einsetzen kann. Aus diesem Grund mußten bei der Auslegung die Bestimmungen für »Serien-Tourenwagen« des »Internationalen Sportgesetzes« Berücksichtigung finden.

Die Ausstattung war so zweckmäßig und funktionell, dabei so umfassend zusammenzustellen, daß sich Sonderausstattungen auf ein Minimum reduzieren. Die notwendige Motorleistung sollte 110 PS betragen.

In der ersten Phase wurden zwei Musterfahrzeuge gebaut. Vor dem Bau weiterer Modelle sind Art und Umfang der Ausstattung gemeinsam festzulegen. Hiermit sollen Meinungsbildung, Erprobung, Kalkulation und Preisüberlegungen ermöglicht werden.

1.2 **Vorgaben**

- Geringe Entwicklungskosten
- Kurzfristiger Serieneinsatz
- Niedrige Investitionskosten
- Minimaler Steuerungsaufwand in der Produktion
- Attraktive, dezente Gestaltung
- Eindeutige Identifikation

1

2

Weitaus schwieriger als die Herstellung der GTI-Prototypen erwies sich die Gestaltung eines zugkräftigen Emblems. Auf der Suche nach einem sportlichen Emblem verfiel man anfangs auf die Bezeichnung »Golf GTS« (1), wobei verschiedene Schrifttypen erprobt wurden (2). Auch in der Pressemappe vom August '75 ist noch nicht das richtige Emblem abgebildet (3). Und selbst in dem GTI-Prospekt für die IAA (4) ist noch nicht das offizielle GTI-Emblem abgebildet. Bis das Auto an die Kunden ausgeliefert wurde, hatte man sich auf das formal schönste GTI-Schriftbild (5) geeinigt.

3

4

5

Bis zum Januar 1976 hatten sich dann die anfangs noch gegensätzlichen Standpunkte zwischen Vertrieb/Marketing auf der einen und der Entwicklung auf der anderen Seite nach Ansicht des heutigen Pkw-Entwicklungschefs Dr. Wolfgang Lincke soweit einander angeglichen, daß beispielsweise die Vertriebsfachleute keine Einwände mehr gegen die serienmäßige Ausstattung des »Sport-Golf« mit innenbelüfteten Scheibenbremsen, Ölkühler, Heckscheibenwischer und Sportsitzen hatten.

Die ersten Musterfahrzeuge mit den amtlichen Kennzeichen WOB - VS 70 und WOB - VP 70 waren schnell auf die Räder gestellt. Mit dem neuen Einspritz-Triebwerk hatte man zwei Fliegen mit einer Klappe geschlagen: Die Erfüllung der strengen Abgasnormen auf dem US-Markt war mit dem K-Jetronic-Motor ebenso möglich wie eine dem Charakter des »Sport-Golf« angemessene Motorisierung.

Aus heutiger Sicht war die Tatsache bemerkenswert, so Wolfgang Lincke im Rückblick, daß bei der GTI-Entwicklung ein ehrgeiziges Projekt weitgehend nach Feierabend und ohne Bezahlung von einer Handvoll Ingenieure angesichts einer ernsthaften Auto-Krisenzeit konsequent durchgezogen wurde. Auch er bezeichnet den Umstand als völlig normal, daß solch eine Arbeit zunächst einen

Das 110-PS-Triebwerk hat an dem Erfolg des kompakten Golf entscheidenden Anteil.

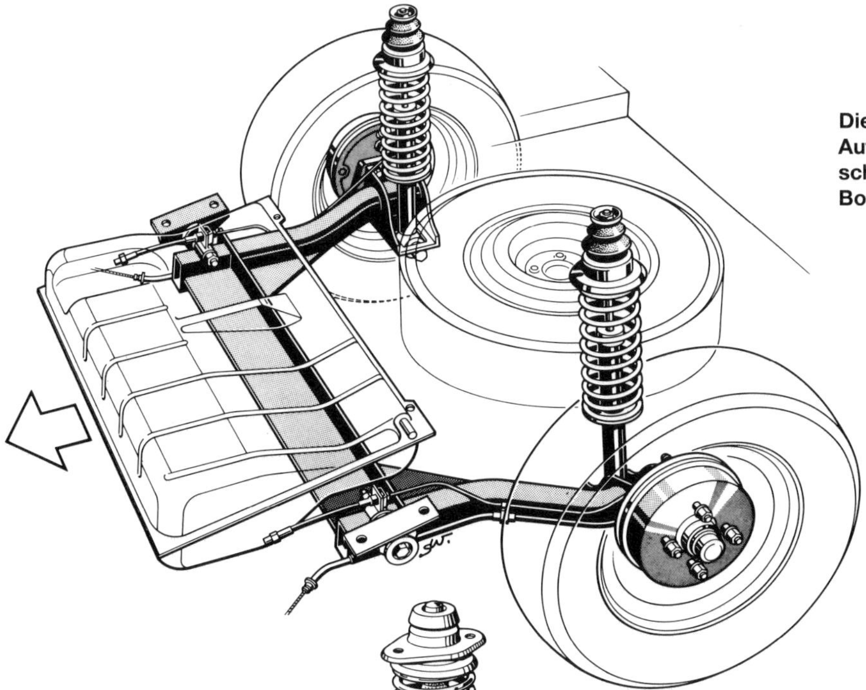

Die Verbundlenker-Hinterachse ist im Aufbau einfach, aber genial. Selbst im schnellen GTI 1 sorgte sie für guten Bodenkontakt der Hinterräder.

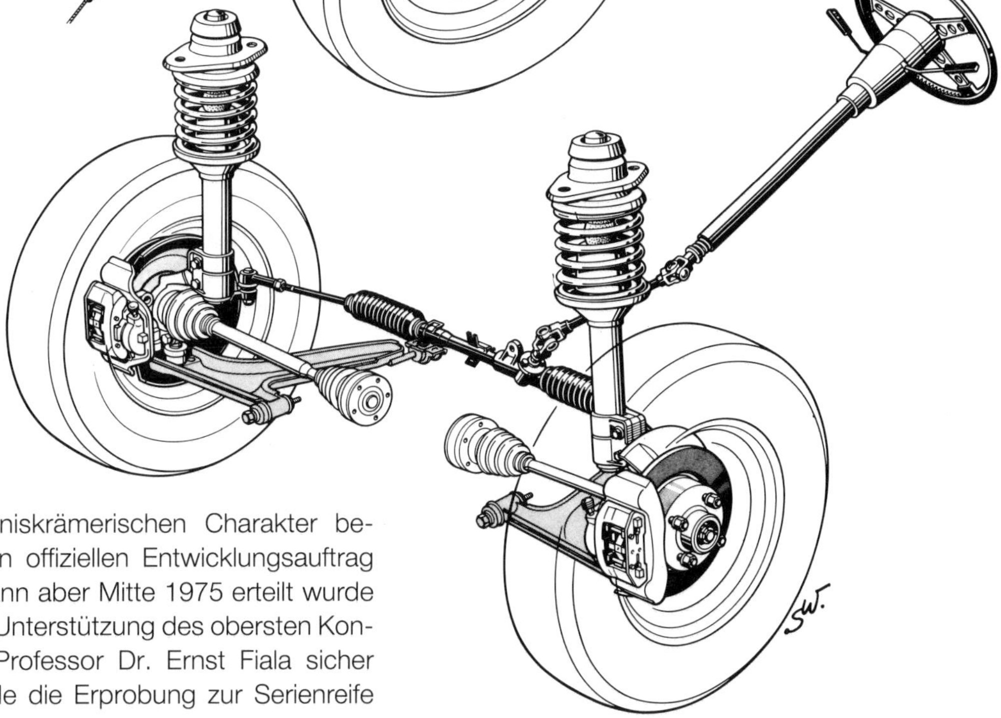

durchaus geheimniskrämerischen Charakter besitzt, da es keinen offiziellen Entwicklungsauftrag gab. Als dieser dann aber Mitte 1975 erteilt wurde und man sich der Unterstützung des obersten Konzern-Entwicklers Professor Dr. Ernst Fiala sicher sein konnte, wurde die Erprobung zur Serienreife forciert.

Das Fahrzeug selbst war vorhanden, tiefgreifende Karosserie-Veränderungen nicht erforderlich.

Als der Einspritzmotor installiert wurde, hatte das Fahrzeug – so erinnert sich Wolfgang Lincke –

Stabile Dreiecksquerlenker sorgten für eine sichere Abstützung der Federbeine und eine exakte Führung der Vorderräder.

seinen ersten Erprobungsdurchgang schon fast abgeschlossen.

Schwierigkeiten gab es eigentlich nur – aufgrund der hohen Querbeschleunigung – mit der Kraftstoffzufuhr. Gelöst wurde das Problem durch den Einbau eines kleinen zusätzlichen Behälters im Tank, der sogenannten Mausefalle.

Am Fahrwerk, das wegen der kurzen Karosserieüberhänge und der breiten Spur grundsätzlich gute Voraussetzungen für ein sportlich-straffes Fahrverhalten bot, wurde im wesentlichen intelligente Detailarbeit geleistet. Vorne wurde das Auto 10, hinten 20 Millimeter tiefergelegt. Stabilisatoren an beiden Achsen und das stärkere Achsträgerprofil der Hinterachse sorgten für die richtige Rollmomentverteilung, die für das sportliche Fahrverhalten mit verantwortlich ist.

Kombiniert mit kräftigeren Stoßdämpfern und Federn wurde diese Fahrwerksabstimmung bis zum Modellwechsel praktisch unverändert beibehalten und trägt dem Golf GTI immer noch erstklassige Noten bei der Beurteilung der Fahrwerksqualitäten durch Autotester ein.

Die gesamten Entwicklungskosten für den kompakten Renner, der in der Gunst des Publikums nichts eingebüßt hatte und erst im Herbst 1982

Auf Anhieb konnte der Golf GTI durch sein souveränes Fahrverhalten auch im Kurvengrenzbereich gefallen.

Der GTI ist fertig. Einer der Initiatoren, Alfons Löwenberg, läßt es sich nicht nehmen und steht als Dressman für die ersten Pressefotos zur Verfügung.

durch den Einbau des drehmomentstärkeren 1,8-Liter-Triebwerks mit 112 PS nochmals deutlich aufgewertet wurde, betrugen damals – 1975 – knapp 6,6 Millionen Mark.

Zusätzliche Investitionen für die Fertigungstechnik schlugen mit 3,1 Millionen Mark zu Buche. »Über solche Beträge«, so sind sich die VW-Entwickler von heute einig, »können wir nur noch lachen«.

In der Tat ist nie zuvor in solch kurzer Zeit ein epochemachendes Auto in einem derart geringen Kostenrahmen entwickelt worden. Das wiederum erlaubte es auch, den GTI äußerst günstig anzubieten. Mit 14 000 Mark war man 1976 dabei. Heute kostet der neue Golf GTI, zweifellos verbessert und weiterentwickelt, freilich über 20 000 Mark und ist damit teurer als seine zahlreichen Konkurrenten. Allerdings auch immer noch besser!

Technische Daten Golf GTI 1

Hier die wichtigsten technischen Daten von jenen Baujahren, in denen wesentliche Teile des Golf GTI abgeändert wurden, so daß sich neue Gewichte bzw. Fahrleistungen ergaben.

□ 1976 wurde der Golf GTI erstmals der Öffentlichkeit präsentiert.
□ 1979 erhielt der Golf neue Stoßfänger, dadurch änderte sich die Fahrzeuglänge.
□ 1981 wurde auch der Golf GTI erstmals wahlweise mit vier Türen angeboten.
□ 1983 erhielt der Golf GTI den 1,8-Liter-Motor mit einer Leistung von 112 PS.

1976/GTI 1

Motor	
Hubraum (cm^3)	
effektiv	1588
nach deutscher Steuerformel	1577
Bohrung/Hub (mm)	79,5/80
Verdichtung	9,5
Leistung (kW/PS bei 1/min nach DIN)	81/110/6100
Literleistung (PS/l/kW/l)	69,3/51,0
Leistungsgewicht bei DIN-Leistung und Leergewicht (kg/PS)	7,4
max. Drehmoment (mkg/Nm bei 1/min nach DIN)	14,0/140/5000
Gemischaufbereitung	K-Jetronic-Einspritzanlage
Elektrische Anlage	
Betriebsspannung, Batterie (V, Ah)	12/36
Drehstromgenerator (A max.)	55
Drehzahlbegrenzer (1/min)	6900
Fahrleistungen	
Höchstgeschwindigkeit (km/h)	182
Beschleunigung bei halber Nutzlast (s)	
0–80 km/h	6,1
0–100 km/h	9,0
Kraftstoffverbrauch	
nach DIN (l/100 km)	8,0 Super
Teillastverbrauch (l/100 km)	
bei konstant 80 km/h	5,6
bei konstant 100 km/h	6,8

Fahrwerk	
Diagonal-Zweikreis-Bremsanlage	ja
Bremsen vorn/hinten	Scheibe/Trommel
Bremskraftverstärker	ja
Bremskraftregler	ja
Radführung/Federung vorn	Federbeine und Dreiecksquerlenker, Stabilisator
Radführung/Federung hinten	Verbundlenkerachse, Federdämpferelemente, Stabilisator
Felgen	5½ J×13
Bereifung	175/70 HR 13 Stahlgürtel
Außenabmessungen	
Länge (mm)	3705
Breite (mm)	1630
Höhe (mm)	1395
Spurweite vorn/hinten (mm)	1404/1372
Radstand (mm)	2400
Wendekreisdurchmesser (m)	ca. 10,5
Gewichte	
Leergewicht, 2türig, Schaltgetriebe (kg)	810
Nutzlast, 2türig, Schaltgetriebe (kg)	420
zul. Gesamtgewicht, Schaltgetriebe (kg)	1230
zul. Achslast vorn/hinten (kg)	690/610
Dachlast (kg)	75
zul. Anhängelast gebremst/ungebremst (kg)	1000/400
Gepäckraum	
Sitzbank aufgestellt/umgeklappt (Liter)	370/1100
Füllmengen	
Tank (Liter)	40
Motoröl mit Filterwechsel/ohne (Liter)	3,5/3,0

1979/GTI 1

Motor	
Hubraum (cm^3)	
effektiv	1588
nach deutscher Steuerformel	1577
Bohrung/Hub (mm)	79,5/80
Verdichtung	9,5
Leistung (kW/PS bei 1/min nach DIN)	81/110/6100
max. Drehmoment	
(Nm bei 1/min nach DIN)	140/5000
Gemischaufbereitung	K-Jetronic-Einspritzanlage
Elektrische Anlage	
Betriebsspannung, Batterie (V, Ah)	12/36
Drehstromgenerator (A max.)	55
Drehzahlbegrenzer (1/min)	6900
Fahrleistungen	
Höchstgeschwindigkeit	
Schaltgetriebe (km/h)	182
Beschleunigung Schaltgetriebe (s)	
0–80 km/h	6,1
0–100 km/h	9,0
Kraftstoffverbrauch	
nach DIN (l/100 km)	8,0 Super

Fahrwerk	
Diagonal-Zweikreis-Bremsanlage	alle Modelle
Bremsen vorn/hinten	Scheibe/Trommel
Bremskraftverstärker	ja
Bremskraftregler	ja
Radführung/Federung vorn	Federbeine und Dreiecksquerlenker, Stabilisator
Radführung/Federung hinten	Verbundlenkerachse, Federdämpferelemente, Stabilisator
Felgen	5½ J×13
Bereifung	175/70 HR 13 Stahlgürtel
Außenabmessungen	
Länge (mm)	3815
Breite (mm)	1630
Höhe (mm)	1395
Spurweite vorn/hinten (mm)	1404/1372
Radstand (mm)	2400
Wendekreisdurchmesser (m)	10,3
Gewichte	
Leergewicht, 2türig, Schaltgetriebe (kg)	810
Nutzlast, 2türig, Schaltgetriebe (kg)	420
zul. Gesamtgewicht, Schaltgetriebe (kg)	1230
Dachlast (kg)	75
zul. Anhängelast	
gebremst/ungebremst (kg)	1200/400
Gepäckraum	
Sitzbank aufgestellt/umgeklappt (Liter)	370/1100
Füllmengen	
Tank (Liter)	40
Motor neu/bei Wechsel (Liter)	3,0/2,5

1981/GTI 1

Motor	
Hubraum (cm^3)	
effektiv	1588
nach deutscher Steuerformel	1577
Bohrung/Hub (mm)	79,5/80
Verdichtung	9,5
Leistung (kW/PS bei 1/min nach DIN)	81/110/6100
max. Drehmoment	
(Nm bei 1/min)	140/5000
Gemischaufbereitung	Einspritzanlage
Elektrische Anlage	
Betriebsspannung, Batterie (V, Ah)	12/36
Drehstromgenerator (A max.)	45
Drehzahlbegrenzer (1/min)	6900
Fahrleistungen	
Höchstgeschwindigkeit Schaltgetriebe	
5-Gang (km/h)	182
Beschleunigung Schaltgetriebe	
5-Gang (s)	
0–80 km/h	6,1
0–100 km/h	9,1
Kraftstoffverbrauch	
nach DIN 70 030 (l/100 km)	
bei konstant 90 km/h	6,7
bei konstant 120 km/h	8,5
im Stadtzyklus	11,2
Fahrwerk	
Diagonal-Zweikreis-Bremsanlage	ja
Bremsen vorn/hinten	Scheibe/Trommel
Bremskraftverstärker	ja
Bremskraftregler	ja
Radführung/Federung vorn	Federbeine und Dreiecksquerlenker, Stabilisator
Radführung/Federung hinten	Verbundlenkerachse, Federdämpferelemente, Stabilisator
Felgen	5½ J×13
Bereifung	175/70 HR 13 Stahlgürtel

Außenabmessungen	
Länge (mm)	3815
Breite (mm)	1630
Höhe (mm)	1395
Spurweite vorn/hinten (mm)	1404/1372
Radstand (mm)	2400
Wendekreisdurchmesser (m)	10,5
Gewichte	
Leergewicht, 2türig, Schaltgetriebe (kg)	840
Nutzlast, 2türig, Schaltgetriebe (kg)	420
zul. Gesamtgewicht, Schaltgetriebe (kg)	1280
zul. Achslast vorn/hinten (kg)	690/610
Dachlast (kg)	75
zul. Anhängelast	
gebremst/ungebremst (kg)	1200/400
Gepäckraum	
Sitzbank aufgestellt/umgeklappt (Liter)	370/1100
Füllmengen	
Tank (Liter)	40
Motoröl mit Filterwechsel/ohne (Liter)	3,5/3,0

1983/GTI 1

Motor	
Bauart	wassergekühlter Vierzylinder-Reihenmotor, vorn quer eingebaut
Hubraum (cm^3)	
effektiv	1781
nach deutscher Steuerformel	1760
Bohrung/Hub (mm)	81,0/86,4
Verdichtung	10,0
Leistung (kW/PS bei 1/min)	82/112/5800
max. Drehmoment (Nm bei 1/min)	153/3500
Ventilsteuerung	obenliegende Nockenwelle Tassenstössel
Gemischaufbereitung	K-Jetronic-Einspritzanlage
Zündsystem	elektronische Zündanlage
Drehzahlbegrenzer (1/min)	6700

Kraftübertragung	Frontantrieb
Kupplung	Einscheiben-Trockenkupplung
Fünfgang-Schaltgetriebe	
1. Gang	3,45
2. Gang	2,12
3. Gang	1,44
4. Gang	1,13
5. Gang	0,91
R.-Gang	3,17
Achse	3,65
Elektrische Anlage	
Batterie (V, Ah)	12/36
Drehstromgenerator (A max.)	45
Fahrwerk	
Vorderachse	Federbeine, Dreiecksquerlenker, Stabilisator
Hinterachse	Federbeine, Verbundlenkerachse, Stabilisator
Bremsanlage	Diagonal-Zweikreis (hydraulisch)
Bremsen vorn/hinten	Scheibe, innenbelüftet
Bremskraftverstärker	9″
Bremskraftregler	ja
Lenkung	wartungsfreies Zahnstangen-Lenkgetriebe
Räder	Vierloch-Stahlscheibenräder
serienmäßig	5½ J × 13
Mehrausstattung	Leichtmetallräder 6 J × 14
Bereifung	Stahlgürtelreifen
serienmäßig	175/70 HR 13
Abmessungen	
Länge (mm)	3815
Breite (mm)	1630
Höhe (mm)	1395
Spurweite vorn/hinten (mm)	1404/1372
Radstand (mm)	2400
Wendekreisdurchmesser (m)	ca. 10,5

Gepäckraum	
Sitzbank aufgestellt (Messung bis Hutablage)	
Sitzbank umgeklappt (Messung bis unters Dach)	
VDA-Messung (Liter)	260/950
Kugelmessung (Liter)	320/1100
Länge (mm)	730
größte Breite (mm)	1310
Höhe (mm)	880
Höhe bis Abdeckung (mm)	440
Höhe Heckklappe, Ladeöffnung (mm)	700
Breite oben/unten (mm)	910/1120
Gewichte	
Leergewicht, 2türig/4türig Schaltgetriebe (kg)	860/885
Nutzlast, 2türig/4türig Schaltgetriebe (kg)	450/425
zul. Gesamtgewicht (kg)	1310
zul. Achslast vorn/hinten (kg)	
zul. Anhängelast bis 12% Steigung gebremst/ungebremst (kg)	1200/460
zul. Stützlast (kg)	50
zul. Dachlast (kg)	75
Fahrleistungen	
Höchstgeschwindigkeit Schaltgetriebe 5-Gang (km/h)	183
Beschleunigung Schaltgetriebe 5-Gang (s)	
0–80 km/h	6,2
0–100 km/h	9,2
Kraftstoffverbrauch	
DIN 70030 (l/100 km)	
5-Gang-Schaltgetriebe	
bei konstant 90 km/h	6,4
bei konstant 120 km/h	8,2
im Stadtzyklus	10,9
Füllmengen	
Tank (Liter)	40
Motoröl mit Filterwechsel/ohne (Liter)	3,5/3,0
Kühlflüssigkeit (Liter)	ca. 6,5
Scheibenwaschbehälter vorn (Liter)	1,7
Scheinwerferreinigungsanlage (Liter)	8,0

Die Modelländerungen von 1976 bis 1983

Traditionell stellt das Volkswagenwerk das neue Modell nach den großen Werksferien vor. Das Modelljahr geht also von August bis August und ist nicht mit dem Kalenderjahr identisch.

1975

□ Anläßlich der Internationalen Automobilausstellung in Frankfurt wird der Golf GTI erstmals der Öffentlichkeit vorgestellt.

1976

□ Im Juni 1976 beginnt die Produktion der Golf GTI-Version. Den Golf gibt es nur zweitürig in marsrot und diamant-silbermetallic. Die wesentlichen Änderungen gegenüber den leistungsschwächeren Golf-Modellen sind: Größerer Frontspoiler, Kunststoff-Kotflügelverbreiterungen, rot umrandeter Kühlergrill mit eingesetztem Schriftzug. Schwarze Zierteile mit eingesetztem Schriftzug. Schwarze Zierteile und Stoßfänger, schwarz umrundetes Heckfenster. Zierstreifen seitlich in Stoßfängerhöhe.
□ Serienmäßig sind Heckscheibenwischer und Zweiklanghorn.
□ Die vorderen Sportsitze und die Rücksitzbank sind mit Schottenkarostoff bezogen.
□ Dachhimmel, Sonnenblenden und Velourteppich sind schwarz.
□ Dreispeichen-Sportlenkrad mit tiefgelegter Nabe, Golfball-Schalthebelknopf, Automatik-Sicherheitsgurte.
□ Öltemperaturanzeige und Zeituhr sind in einer Mittelkonsole integriert.
□ Offener Handschuhkasten, Ablagefach auf der Beifahrerseite.

Serienmäßig: 3-Speichen-Lenkrad

Serienmäßig Reifen der Größe 175/70 HR 13, auf 5½-J 13-Felgen.

Mit schwarzen Zierleisten, Seitenstreifen und Türaußengriffen ging der GTI an den Start.

Modellpflegeprogramm für das Modelljahr 1977

Modellreihe Golf (Typ 17) gemäß EA 430

<u>1. Ausgabe</u>

Stand: 1.4.1976

	Beschreibung:	Sichtbar:	Begründung, Erläuterung, Kundenvorteil:	Modell: 50 PS-Motor	75 PS-Motor	110 PS-Motor	50 PS-Diesel
2.02	Einführung eines Einspritzmotors (K-Jetronic, 1,6 Liter, 110 PS) für die sportliche Modellversion "GTI". Technische Daten: Hubraum, cm^3 1588 Leistung, PS/min. 110/6100 Drehmoment, mkp/min. 14,0/5000 Verdichtung 9,5 Fahrleistungen siehe Blatt 2. Einsatz 1.6.1976.		Vorteil: höhere Literleistung (PS pro Liter Hubraum), höheres Drehmoment = besonders gute Motorelastizität, <u>also: sportliche Charakteristik bei hoher Laufkultur.</u> Das K-Jetronic-Einspritzsystem basiert auf folgenden typischen Eigenschaften: a) alle für die Einspritzfunktion erforderlichen Informationen über den Betriebszustand des Motors werden auf mechanischem Wege weitergeleitet und umgesetzt. b) Die Gemischdosierung wird mittelbar (durch Luftmesser und Kraftstoffmengenteiler) von der Ansaugluftmenge beeinflußt. c) Die Einspritzung erfolgt kontinuierlich (daher K-Jetronic), d.h. mit Start des Motors wird permanent eine betriebsgerecht dosierte Kraftstoffmenge in den Ansaugkanälen aller Zylinder vorgelagert, während bei den elektronisch gesteuerten Anlagen - je nach System - getrennt nach Zylindergruppen und/oder in mehr oder weniger langen Intervallen eingespritzt wurde.	-	-	x	-

□ Reifen 175/70 HR 13 auf 5½-Zoll-Felgen; innenbelüftete Scheibenbremsen vorn, größerer Bremskraftverstärker, lastabhängiger Bremskraftregler an der Hinterachse. Fahrwerk straffer und tiefergelegt. Querstabilatoren an Vorder- und Hinterachse.

□ 1,6-Liter-Einspritzmotor mit 110 PS.

Modelljahr 1978

□ Umstellung der Türaußengriffe auf Kunststoff (vorher Zinkdruckguß). Schwarze Ausführung mit blanker Einlage.

□ Vergrößerung des Bremskraftverstärkers auf einen Durchmesser von 9 Zoll (vorher 8 Zoll).

□ Neue Lagerung der Federbeine vorn. Die bisher lose zwischen Karosserie und Federbein eingelegte Gummi-Zwischenlage wird jetzt auf das Federbein aufvulkanisiert. Bei den hinteren Federbeinen werden anstelle der bisherigen Vollgummi-Zwischenlagen jetzt großvolumige Gummi-Zwischenlagen mit umlaufender Verrippung verwendet.

□ Zwischen Lenkgetriebe und Karosserie kommt eine Gummizwischenlage zur Geräuschreduzierung zum Einsatz.

□ Geänderte Drehmomentstütze am Motor vorn durch Optimierung des Gummiträgers. Zusätzliche Verstärkung im rechten Längsträger.

□ Die Betätigung des Heckscheibenwischers wird in den Lenkstockschalter verlegt.

□ Golf-Zweitürer mit Sicherheitsgurt-Aufrollern in den hinteren Seitenteilen.

□ Verstärktes dreistufiges Frischluftgebläse mit geänderten Hebeln.

□ Türschlösser und Heckklappenschloß verstärkt.

□ Geänderter Ölkühler.

□ Heckscheiben-Wascherpumpe im Wasserbehälter eingebaut.

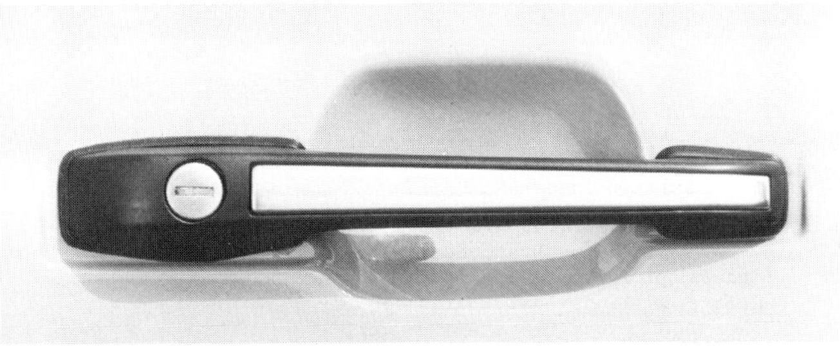

Türaußengriffe aus Kunststoff.

Modelljahr 1979

□ Kleines Facelift durch voluminösere Kunststoff-Stoßfänger, die auf einem Stahlträger montiert sind. Dadurch ändert sich auch die äußere Länge von 3705 mm auf 3815 mm.

□ Einführung einer GTI-Rechtslenker-Version für den Exportmarkt.

□ Einführung eines Bordbuches. Umfang: Betriebsanleitung, Service-Plan, »Der gute Rat zum Service-System«, Händler-Europa-Adressen.

□ Einsatz eines Ökonometers. Das Anzeigeinstrument ist durch eine Schlauchleitung mit dem Sammelsaugrohr verbunden. Dadurch werden je nach Drosselklappenstellung die entstehenden Unterdruckschwankungen auf das Ökonometer übertragen und der momentane Kraftstoffverbrauch angezeigt.

□ Die Kühlwassertemperaturanzeige wird jetzt von zwei Kontrolleuchten wahrgenommen, wobei eine blaue für kalt und eine rote Leuchte für warm steht.

□ Das Sicherheitsgurtschloß für Fahrer und Beifahrer wird an den Sitz verlegt. Dadurch ist eine optimale Gurtanpassung bei unterschiedlichen Körpergrößen und bei Veränderungen der Sitzposition möglich.

Kleines Facelift durch Kunststoff-Stoßfänger, die auf einem Stahlträger montiert sind.

Einsatz eines Ökonometers, das den momentanen Kraftstoffverbrauch signalisiert.

□ Verbesserte Türscharnierbefestigung. Die bei geöffneter Tür sichtbaren Halteböcke entfallen. Pro Scharnier wird nur eine Schraube (vorher 2) verwendet.
□ Geänderter Thermostat im Kühlmittelkreislauf. Dadurch verbesserte Heizleistung und eine Verkürzung der Innenraumaufheizung um ca. 25%.
□ Verringerung des Bremspedal-Leerweges durch Einführung eines mechanischen Bremslichtschalters (bisher Öldruckschalter).
□ Automatisch nachstellende Trommelbremsen. Die Bremsdruckstange wird bei Überschreitung des zulässigen Spiels zwischen Bremsbacken und Trommel durch einen Keil verlängert und bewirkt so die Nachstellung.
□ Auf Wunsch ist auch für den Golf GTI ein Schiebedach erhältlich, außerdem Ablageschalen für die Türen. Und für die Fondsitze werden Automatik-Dreipunkt-Gurte angeboten.
□ Als Mehrausstattung wird eine Verbundglas-Windschutzscheibe geliefert.
□ Ventilschaftabdichtungen aus beständigerem Material.
□ Im März 1979 Vorstellung des Golf Cabriolet.

Modelljahr 1980

□ Serienmäßige Ausstattung mit zwei Dreipunkt-Automatikgurten und einem statischen Beckengurt in der Mitte der hinteren Sitzbank.
□ Geänderte Bodenbelagbefestigung. Anstelle des bisherigen Verklebens werden die Formteile jetzt trocken verlegt und an bestimmten Stellen mechanisch befestigt.
□ Anstelle von Glühlampen werden die Temperaturwarnleuchten mit Dioden bestückt.
□ Einsatz einer Kühlmittelkontrolleuchte, die bei Temperaturen im Kühlwasser von über 120°C blinkt. Eine zusätzliche gelbe Kontrolleuchte zeigt an, daß der Motor noch kalt ist.
□ Einsatz einer Faustsattelbremse anstelle einer Schwimmsattelbremse. Durch die Vergrößerung der Bremsbelagfläche ergibt sich eine Verschleißminderung von 40%.
□ Durch Verringerung des Aufnahmevolumens im Bremslichtschalter wird der Bremspedalleerweg reduziert. Gleichzeitig werden die Anschlußpole von 3 auf 2 verringert.
□ Serienmäßige Ausstattung mit 5-Gang-Schaltgetriebe.
□ Als Mehrausstattung wird ein verschließbarer Tankdeckel angeboten.

Ab August 1979 erhält der GTI serienmäßig ein Fünfganggetriebe.

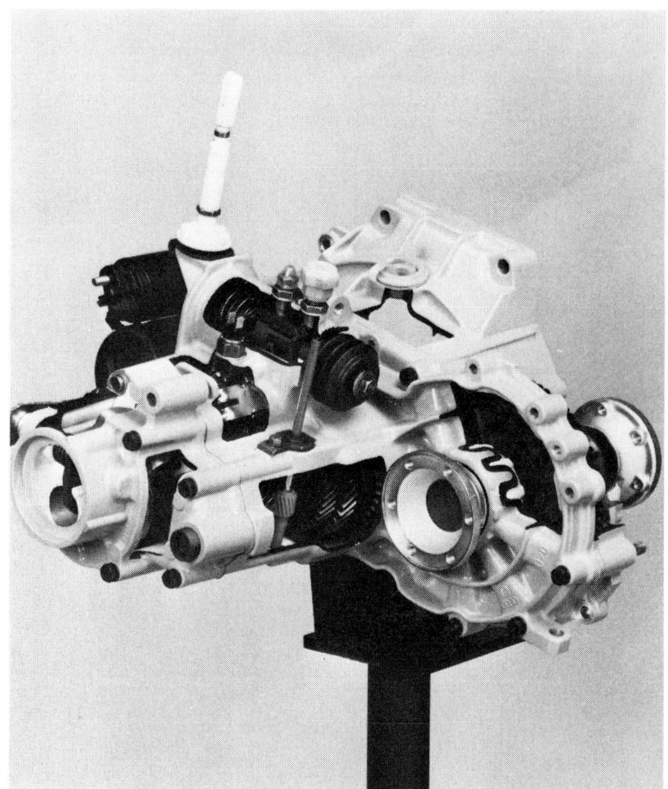

Die Vorläufer des GTI: Im Herbst 1974 werden verschiedene Fahrwerkskombinationen bei Vergleichsfahrten auf dem Prüfungsgelände Ehra-Lessin erprobt. Unterschiedlich waren: Die Reifen (175/70 SR 13, 185/70 SR 13 und 205/60 HR 13), die Felgen (5 J×13, 5½ J×13 und 6 J×13), die Federn und die Dämpfer. Der letzte Wagen dieser Reihe ist das Fahrzeug, das als »TTS« der Vorläufer des GTI wurde. Er hatte Sportsitze, zusätzliche Ablagen, ein Sportlenkrad, den 1,6 Liter 100-PS-Motor und den größeren (Blech-)Spoiler. Er wurde mit anderen Fahrzeugen am 17. Dezember 1974 von Prof. Fiala VW-intern einigen Führungskräften vorgestellt.

Der GTI-Innenraum besticht durch seine sachliche, funktionale Atmosphäre.

Heute schon ein Klassiker: Der Golf GTI schuf eine völlig neue Fahrzeug-Kategorie – für die das Original bis heute der Maßstab ist. Der GTI war die erste kompakte Limousine mit ausgeprägt sportlichen Fahreigenschaften, kombiniert mit einem Höchstmaß an Wirtschaftlichkeit, gutem Raumangebot und einer ausgeprägten Alltagstauglichkeit.

Ein eindrucksvolles Heck: Die schwarz umrandete Heckscheibe, die schwarze Stoßstange und das GTI-Emblem signalisierten: Das ist der schnellste Golf. Im Herbst 1982 kam der drehmomentstärkere 1,8-Liter-Motor- mit 112 PS zum Einsatz (unten).

Für viele GTI-Fahrer der »echte« neue GTI: Mit dem Sechzehnventil-Motor, der aus 1,8 Liter Hubraum 139 PS entwickelt, bietet das VW-Werk für die leistungsfreudigen Golf-Fahrer ein überzeugendes neues Spitzenmodell.

Die Phantomdarstellung erlaubt einen Blick in die technischen Details des kompakten Golf.

□ Laubschutzgitter für Frischluftgebläse.
□ Scheibenwascherpumpe im Wasserbehälter eingebaut.
□ Geänderte Nockenwelle. Dadurch andere Steuerzeiten.
□ Gemischregler und Warmlaufregler verbessert.
□ Durchmesser der Generator-Keilriemenscheibe von 66 auf 61 mm verringert.
□ Haltedruck der Einspritzanlage auf 3 bar erhöht.
□ Stärkerer Generator mit 65 statt 55 Ampere Leistung.

Modelljahr 1981

□ Deutlich vergrößerte Heckleuchten mit integriertem Nebel-Rücklicht.
□ Neu gestaltetes Golf-Armaturenbrett mit Konsole, Ablage und Leuchtdioden als Kontrollampen, Fernlichtkontrolle jetzt gelb. Kühlmittel-Temperaturanzeige anstelle Verbrauchsanzeige. Digital- statt Zeigeruhr. Schutzschalter für Spannungskonstanthalter. Spannungsregler in Hybridbauweise mit längeren Schleifkohlen, Bosch-Generator mit schmaleren Lüftungsschlitzen, Batterie mit geringerem Wasserverbrauch.
□ Vierspeichen-Sportlenkrad mit runden Hupen-Tasten.
□ Fahrzeughimmel bei Ausstattung ohne Schiebedach mit heißgeformtem, einteiligen Fertighimmel. Neue Tür- und Seitenverkleidungen. Dünnere Vordersitzlehnen, dadurch mehr Raum vor den Rücksitzen.
□ Änderung des Fahrgestell-Nummersystems von 10 auf 17 Stellen.
□ Fahrzeug-Datenträger in Form eines Aufklebers für Fahrzeug und Datenbuch. Dabei wird ein Aufkleber im Fahrzeug an gut sichtbarer Stelle geklebt und der zweite ins Bordbuch.
Inhalt des Datenträgers: Produktionskenn-Nummer,

Vierspeichen-Sportlenkrad mit runden Hupentasten.

Dünnere Vordersitze, dadurch mehr Raum für die Fondpassagiere.

Fahrgestell-Nummer, Verkaufstyp, Motor-Kennbuchstaben-Nummer, Getriebe-Kennbuchstabe, Lack-Nummern, Innenausstattung, M-Nummern.
Bordbuchaufkleber: Fahrgestell-Nummer, Verkaufstyp, Motor-Kennbuchstaben, Getriebe-Kennbuchstabe, Lack-Nummern, Innenausstattung, M-Nummern.
Es entfällt das bisherige Farbschild.

Neue GTI-Gewichte

Leergewicht, 2türig (kg)	840
zulässiges Gesamtgewicht (kg)	1280
zulässige Achslast vorn/hinten (kg)	690/610
zulässige Anhängerlast gebremst/ungebremst (kg)	1200/400

□ Als Mehrausstattung werden Leichtmetall-Scheibenräder (Styling Z) in der Größe 5½J × 13 mit 38 mm Einpreßtiefe angeboten.

□ Als Mehrausstattung ist auch für das Golf-Cabriolet eine Anhängerkupplung lieferbar.

□ Anstelle des sportlich abgestuften 5-Gang-Getriebes ist auf Wunsch und ohne Aufpreis ein länger übersetztes 4+E-Getriebe lieferbar.

□ Seit Februar ist der Golf GTI auch als Viertürer lieferbar in drei Farben (diamantsilber metallic, atlasgrau metallic, perlrose metallic) mit spezieller Innenausstattung. Seitliche Zierleisten mit doppeltem Stoßprofil und blank eingefaßtem Kühlergrill. Neu ist serienmäßig eine Nebelschlußleuchte.

Die vorderen Windlaufpfosten mit strömungsgünstigerer Abdeckung aus Kunststoff.

□ Die Abgasanlage hat eine federbelastete Kugelgelenk-Verbindung am Abgaskrümmer. Die Federn lassen sich nur mit einem speziellen Federspanner entspannen.

Modelljahr 1982

□ Die vorderen Windlaufpfosten erhalten eine strömungsgünstige Abdeckung aus Kunststoff.
□ Beim Golf-Cabrio läßt sich das Verdeck im gefalteten Zustand etwa 10 Zentimeter weiter absenken. Die Absenkung wird durch eine Verlagerung des Rückfensters ermöglicht.

□ Bei der Mehrausstattung »Anhängerkupplung« oder »Tropenausführung« kommt ein zweistufig schaltbarer Lüfter mit maximal 350 Watt zum Einsatz.
□ Im Februar läuft der fünfmillionste Golf vom Band.
□ Anstelle des 5-Gang-Getriebes in sportiver Ausführung wird ein 4+E-Getriebe angeboten. Wahlweise kann jedoch als M-Ausstattung das sportliche 5-Gang-Getriebe bestellt werden.
4+E-Übersetzungen:

1. Gang:	3,45
2. Gang:	1,94
3. Gang:	1,29
4. Gang:	0,91 (Höchstgeschwindigkeit)
E-Gang:	0,68

Multifunktionsanzeige zwischen den beiden Rundinstrumenten.

Modelljahr 1983

□ Der Zwischenservice ab 22 500 km, 37 500 km usw. entfällt aufgrund folgender technischer Maßnahmen: Dynamische Ölwarnanzeige mit blinkender Leuchtdiode und zusätzlichem Summer. Kontrolleuchte für Kühlflüssigkeitsstand.

□ Einsatz der Schalt- und Verbrauchsanzeige.

□ Das Ölthermometer entfällt.

□ Einsatz einer neuen Zentralelektrik. Dadurch werden die Stromkreise besser aufgeteilt und erweitert. Verwendet werden auch völlig neue Sicherungen (Little-fuse-Sicherungen).

□ Einsatz einer Multifunktionsanlage. Auf dem Display der bisherigen Digital-Zeituhr können nacheinander folgende Informationen auf Knopfdruck abgerufen werden: Uhrzeit, Fahrzeit, Fahrtstrecke, Durchschnittsgeschwindigkeit, durchschnittlicher Kraftstoffverbrauch, Öltemperatur, Außentemperatur.

□ Neuer Umfang des Bordwerkzeugs: 1 Wagenheber, 1 gebogener Radschlüssel, 1 Schlitz-/Kreuzschlitzschraubendreher, 1 Maulschlüssel mit Maulweite 10/13 mm.

□ Genereller Einsatz der Verbundglaswindschutzscheibe, die wahlweise Ausstattung mit Einscheiben-Sicherheitsglas entfällt aus dem Angebot.

□ Umstellung des 1,6-Liter-Motors mit 81 kW (110 PS) auf ein drehmomentstarkes Triebwerk mit 1,8 Liter und 82 kW (112 PS).

Neuer 1,8-Liter-Motor mit 112 PS. Oben der neue Zylinderkopf. Deutlich sichtbar, daß der Brennraum wieder in den Zylinderkopf verlegt wurde. Unten: Zylinderkopf des 1,6-Liter-Motors mit 110 PS.

Hubraum 1780 cm³, Bohrung×Hub 81×86,4 mm, Leistung bei 1/min: 82 kW (112 PS) bei 5900/min, max. Drehmoment: 148 Nm bei 3500/min, Verdichtung :10.

□ Verlängerung der Achsübersetzung von 3,89 auf 3,65.

□ Als Mehrausstattung gibt es eine Stop-Start-Anlage der 2. Generation.

□ Einsatz des Rabbit GTI in den USA mit 1,8-Liter-Motor und 70 kW (95 PS).

□ Für USA und Japan wird als Mehrausstattung eine Geschwindigkeitsregelanlage angeboten.

□ Schalldämpfer in der Tonlage neu abgestimmt und haltbarer.

□ Im Mai Sonderserie des GTI mit Doppelscheinwerfergrill und in den Farben: Heliosblau metallic, Marsrot, Alpinweiß, Lhasa metallic. Auf Wunsch gab es Diamantsilber metallic, schwarz, außerdem grüne Colorverglasung, Pirelli-Leichtmetallräder mit Reifen in der Dimension 185/60 HR 14. Vierspeichen-Leder-Sportlenkrad. Stoßfänger, Kotflügelverbreiterungen und beide Außenspiegel in Wagenfarbe.

Golf GTI-Statistik

PRODUKTIONSZAHLEN

Die Produktion des Golf GTI lief im Juni 1976 im Werk Wolfsburg an. In der Zeit von 1976 bis Dezember 1987 wurden in der Bundesrepublik Deutschland einschließlich Belgien 649000 GTI produziert, davon seit 1985 auch 73000 GTI 16V.

Seit August 1982 wird der GTI auch in Westmoreland (USA) produziert. In der Zeit von 1982 bis Dezember 1987 wurden in den USA 118243 GTI hergestellt.

EXPORTLÄNDER

Der Golf GTI wird prinzipiell in alle Länder exportiert, die ohnehin Wolfsburger Produkte importieren. Mit dem GTI wird natürlich hauptsächlich der europäische Markt bedient: Dänemark, Finnland, Norwegen, Schweden, Spanien, Belgien, Großbritannien, Niederlande, Frankreich, Italien, Österreich und Schweiz. Die Hitliste der Importländer führen Frankreich, Italien und England mit 10000 bis 12000 Fahrzeugen pro Jahr an.

ZULASSUNGEN
in der Bundesrepublik Deutschland

Jahr	Golf GTI
1976	6067
1977	21836
1978	23011
1979	31997
1980	28803
1981	24630
1982	18941
1983	27038
1984	22105
1985	15600
1986	27274
1987	23202
Von 1976 bis Dezember 1987	270504

PREISENTWICKLUNG
des Golf GTI in der Bundesrepublik Deutschland

1976	DM 13850
28. 3. 1977	DM 14435
2. 5. 1978	DM 15085
12. 3. 1979	DM 15540
13. 8. 1979	DM 15794
10. 3. 1980	DM 16890
11. 8. 1980	DM 17035
11. 5. 1981	DM 17730
29. 6. 1981	DM 18020
14. 12, 1981	DM 18575
29. 3. 1982	DM 19305
2. 8. 1982	DM 19725
18. 4. 1983	DM 20285
1. 8. 1983	DM 21115
2. 1. 1984	DM 21525
17. 9. 1984	DM 21915
3. 12. 1984	DM 22230
9. 4. 1985	DM 22760
18. 11. 1985	DM 23215
21. 7. 1986	DM 23620
29. 12. 1986	DM 24140
3. 8. 1987	DM 24215
2. 11. 1987	DM 26415*

* einschließlich geregeltem Katalysator in Serie

Beim Golf 2 wurde die Montage des neuen Modells in ungewöhnlich hohem Maße automatisiert. VW darf sich rühmen, in der Halle 54 den höchsten Automatisierungsgrad überhaupt erreicht zu haben. Hier das Einlegen des Reserverads durch einen Roboter.

Die Golf GTI 2-Story

Ein Welterfolg wurde noch besser

Nachdem der GTI 1 noch einigen wenigen Männern zu verdanken war, die ihre Möglichkeiten in der Vorentwicklung zu nutzen wußten und mit ihrem Enthusiasmus sogar die Marketing-Abteilung mitrissen, so war beim Golf 2 von vorneherein klar, daß man in Wolfsburg dieses wichtige Markt- und Imagesegment nicht freiwillig preisgeben würde. Hier war der GTI fester Bestandteil der Planung. Dementsprechend wurde er von den ersten Ideen und Skizzen an in die Entwicklung mit einbezogen.

Und da der Golf 2 mehr Innenraum bieten und höheren Komfortansprüchen genügen sollte, wurde er zwangsläufig auch etwas größer und etwas schwerer – und diese zusätzliche Last hatte natürlich auch das sportlichste Modell, eben der GTI, mit sich herumzutragen. Stattliche 70 Kilogramm waren mehr zu transportieren, von denen allerdings alleine 15 Kilogramm auf den von 40 auf 55 Liter Fassungsvermögen vergrößerten Tank entfielen.

Kein Wunder, daß die Techniker in Wolfsburg sich rechtzeitig mit der Aufgabe beschäftigten, dem neuen GTI auch ein angemessenes Triebwerk zur Seite zu stellen – und da es heute die Organisationskünste auch der größten Häuser überfordert, einen völlig neuen Motor und ein neues Fahrzeug gleichzeitig auf das Produktionsband zu hieven, feierte dieses neue Triebwerk bereits ein Jahr vor dem GTI 2 im Frühjahr 1983 in dessen Vorgänger Premiere.

Der 1,6-Liter-Vierzylinder hatte nun 1,8 Liter Hubraum – genau gesagt entwickelte der 1781 cm^3 große Motor (Bohrung × Hub 81,0 × 86,4 mm) bei 5500/min 112 PS oder 82 kW. Und mit diesem Triebwerk, dem die Fachwelt nur Positives nachsagte (»auto, motor und sport«: Die Art und Weise, wie der langhubige Vierzylinder seine Kraft entfaltet, ist immer wieder ein Erlebnis – und die »Österreichische Autorevue«: Dies ist nach wie vor das beste 1,8-Liter-Triebwerk der Welt, da kann auch die neu angetretene Konkurrenz nichts daran deuteln), wurde der »alte« GTI zur besten Version dieser Baureihe.

Die Karosserieform des Golf hat trotz modischer Strömungen ihre Gültigkeit behalten. So ging es beim neuen Golf nicht darum, sie zu ändern um des Änderns willen, sondern ihre funktionellen Vorteile auszubauen. Im Mai 1979 entschied das VW-Management: Der neue Golf soll in seinem Charakter ein Golf bleiben.

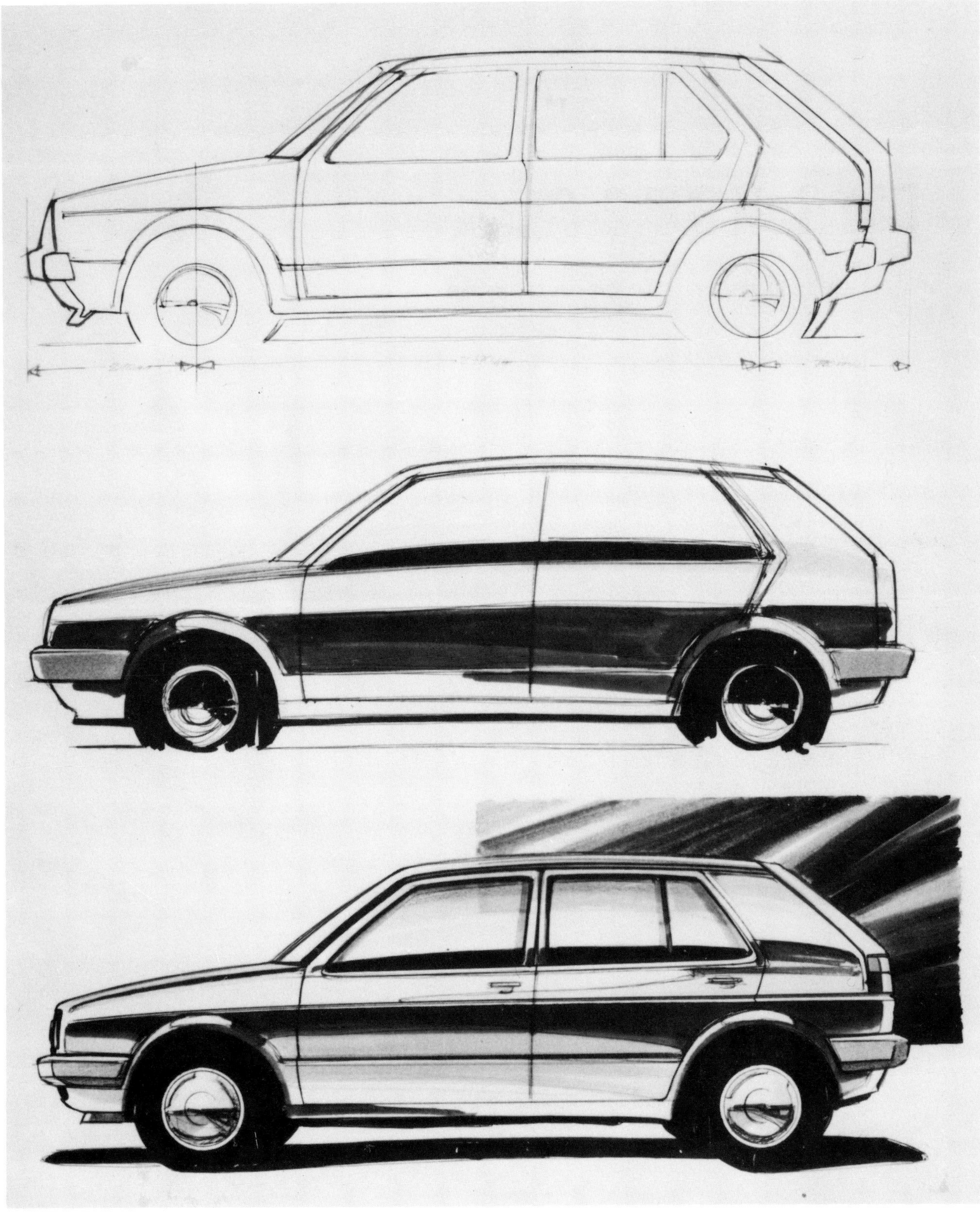

Die einzelnen Karosserieschnitte des neuen Golf werden durch ein Heißdraht-Schneideverfahren vom Stylingmodell auf dieses Polystyrol-Grundmodell übertragen. An ihm werden im Windkanal Einflüsse stilistischer Veränderungen auf den Cw-Wert schnell und genau überprüft.

Als der »neue« GTI dann – im Februar 1984 – knapp fünf Monate nach der Präsentation der neuen Basis Golf 2-Modelle zum erstenmal in die Hände seiner Käufer kam, war das Triebwerk bereits bekannt und gelobt – und rasch erwarb sich auch die neue Karosserie ihre Freunde. Sie war – wie beim Vorgänger – praktisch und übersichtlich, sie hatte Pfiff und konnte besonders im Komfortbereich gegenüber dem Vorgänger Plus-Punkte sammeln: So war das Geräuschniveau durch den besseren Cw-Wert und die stärkere Auskleidung mit Dämmatten deutlich gesunken und der Federungskomfort gewachsen.

»Hier hat natürlich der längere Radstand – 2475 mm gegenüber 2400 mm beim Golf 1 – seinen Teil beigetragen«, für Wolfgang Lincke waren es aber noch mehr Faktoren, die den neuen GTI gegenüber seinem Vorgänger gerade in diesem Bereich fortschrittlicher erscheinen ließen: »Das Fahrwerk wurde vorn und hinten nochmals um zehn Millimeter tiefer gelegt, dazu kamen vorn und hinten Stabilisatoren und Federn und Dämpfer wurden etwas härter.« Das Ergebnis war etwas weniger »sportliche« Härte, dafür aber etwas mehr Komfort und bessere sowie sichere Fahreigenschaften – und das scheint heute sowieso der vernünftigere Weg zu sein.

»Während wir beim ersten GTI noch ein relativ biederes Auto erst dazu erziehen mußten, mit mehr Leistung und höheren Geschwindigkeiten fertig zu werden, war beim Golf 2 – weil wir von vorneherein einen GTI miteinplanten – die Aufgabe wesentlich leichter«, Wolfgang Lincke wußte mit seinen Ingenieuren, worauf er zu achten hatte: »Der größere Radstand, die neuen oberen Federbeinlager an der Federbein-Vorderachse und die Verbundlenker-Hinterachse, die spurkorrigierende Gummilager bekam, sowie der um 25 Millimeter verlängerte Federweg waren die Basis für das anerkannt gute Fahrverhalten.«

»auto, motor und sport« attestierte dem neuen GTI: »Speziell lange Bodenwellen werden noch souveräner von den Insassen ferngehalten, als dies beim Vorgänger der Fall gewesen war. Auch bei kurzen Fahrbahnunebenheiten ist der Komfort noch akzeptabel, wenngleich die Stöße hier schon trockener durchkommen und die Passagiere spüren lassen, daß der GTI gegenüber seinen zahmeren Modellkollegen etwas strammer abgestimmt ist.« Noch begeisterter zeigten sich die Österreicher – Herbert Völker schrieb in Heft 4/85 seiner Auto-Revue: »Das Fahrvergnügen am GTI ist größer als je zuvor. Er läßt sich exakter, souveräner manöverieren, der längere Radstand hat's ihm beigebracht. In der Allroundwertung aller Aspekte zwischen Wendigkeit und Stabilität gibt es nach unserer Meinung kein eindrucksvolleres Auto auf der Welt.«

Viel Lob für einen Wagen, der zu Beginn seiner zweiten Karriere gegen einen Vorgänger kämpfen mußte, den man als schlanker und »weniger fad« (Originalton Völker) empfand.

Der neue GTI war beim Radstand um 75 Millimeter, bei der Spurweite vorne um 23 Millimeter und hinten um 50 Millimeter gewachsen. Die Gesamtlänge hatte um 170 Millimeter zugenommen, die Breite dafür um 55 Millimeter – nur die Höhe war mit zehn Millimetern vergleichsweise gering gewachsen.

Das alles sorgte beim GTI-Fan für die Vermutung, daß es nun mit der Sportlichkeit und dem jugendlichen Touch vorbei wäre – doch erstens gewöhnt man sich rasch an neue Formen und zweitens sprachen sich rasch auch die neuen Innenraummaße bei der Kundschaft herum: Auf den Vordersitzen gab es nun 92 Millimeter mehr Innenbreite, hinten waren es gar 112 Millimeter, die der Ellenbogen-Freiheit der Mitfahrer zu Gute kamen. Und nebst der Innenraumlänge (plus 37 Millimeter) gewann auch der Kofferraum stolze 30 Prozent hinzu – standen früher 260 Liter zur Verstauung des Urlaubsgepäcks zur Verfügung, so konnte er nun 336 Liter aufnehmen. Und wer noch die zweigeteilte Rücksitzbank umlegte, hatte nun einen 1,2 Kubikmeter großen Kofferraum – rund 20 Prozent mehr als beim GTI 1.

Und dieses Mehr an Raum, Komfort und passiver Sicherheit führte dann zu dem bereits erwähnten Mehr-Gewicht, daß es dem GTI zumindest am Anfang doch etwas schwerer machte, als es sich die Planer in Wolfsburg vorgestellt hatten.

Demgegenüber konnten die Verkäufer mit weiteren Vorzügen aufwarten: Obwohl der neue Wagen größer als sein Vorgänger war, hatte er einen besseren Cw-Wert. Durch viel Feinarbeit im Windkanal, durch die um drei Grad stärker geneigte Frontscheibe und die »Einschnürung« der Frontpartie war der Cw-Wert um 19 Prozent auf 0,34 gesunken. Weitere Maßnahmen aus dem Windkanal: Die

Rund 6 Millionen Kilometer legten Prototypen und Aggregateträger der neuen Golf-Generation im Laufe der Straßen-Erprobung zurück. Darin eingeschlossen waren ausgiebige Testexpeditionen in arktische und tropische Zonen mit sogenannten »Erlkönigen« – hier ein Prototyp, der im amerikanischen Bundesstaat Colorado erwischt wurde.

neu verkleideten Regenrinnen, die den Wind und das Regenwasser seitlich besser ableiteten und zudem noch die Windgeräusche verringerten – allerdings dafür einen Adapter für die Dachgepäckträger nötig machten. Oder den Käufer gleich zur Neuanschaffung eines speziellen Gepäckträgers animierten.

Dazu kamen die nun bündig in die Rahmen eingesetzten vorderen Dreiecksfenster und der kleine Front- und Heckspoiler.

Bei der Wahl des Frontspoilers hatten die Techniker in Wolfsburg nur begrenzte Möglichkeiten – Wolfgang Lincke: »Da wir ursprünglich bei dem ersten GTI mit nicht sonderlich hohen Stückzahlen gerechnet hatten, wurden hier die Frontspoiler – die bei der Beladung der Transportzüge und Lastwagen im Weg gewesen waren – dem Wagen beige-

Mit einer Videokamera im Rohrkäfig über dem Vorderwagen des neuen Golf wurden die Bewegungen des Antriebsaggregates während der Fahrt unter verschiedenen Lastzuständen aufgezeichnet.

Die größeren Querschnitte aller Heizungs- und Lüftungskanäle sorgen bei geringen Strömungsgeschwindigkeiten für einen deutlich erhöhten Luftdurchsatz.

legt und vom Händler persönlich angeschraubt. Das mußte beim neuen Modell natürlich vermieden werden, und so hatte der Frontspoiler zu schrumpfen und kleiner zu werden.«

Da die Designer in Wolfsburg die Meinung vertraten, daß ein GTI-Fahrer nicht unbedingt mit seiner Leistung protzen will, wurden wesentliche Teile des Wagens in das bewährte mattschwarz getaucht – alle Teile, die beim »normalen« Golf in Chrom ausgeführt waren, wurden – genauso wie die Dekor-Streifen und die Abdeckungen rund um die Radausschnitte – mattschwarz. Und nur vier kleine GTI-Embleme verkündeten rund um die Karosserie die Stärke des 112 PS leistenden Golfs.

Mit diesem Temperament war – und ist – der GTI-Fahrer einer der Schnellsten auf den Straßen: 192 km/h gab das Werk als Höchstgeschwindigkeit an, nach 9,7 Sekunden war die auf Deutschlands Landstraßen gültige Höchstgeschwindigkeit erreicht und in nur 12,2 Sekunden konnte man im vierten Gang von 40 auf 100 km/h beschleunigen – Elastizitätswerte, die bis dato einem Vierzylinder mit »nur« 1,8 Liter Hubraum kaum zugetraut wurden. Und was noch mehr erstaunte, waren die günsti-

Der neue Golf
Bremssystem GTI

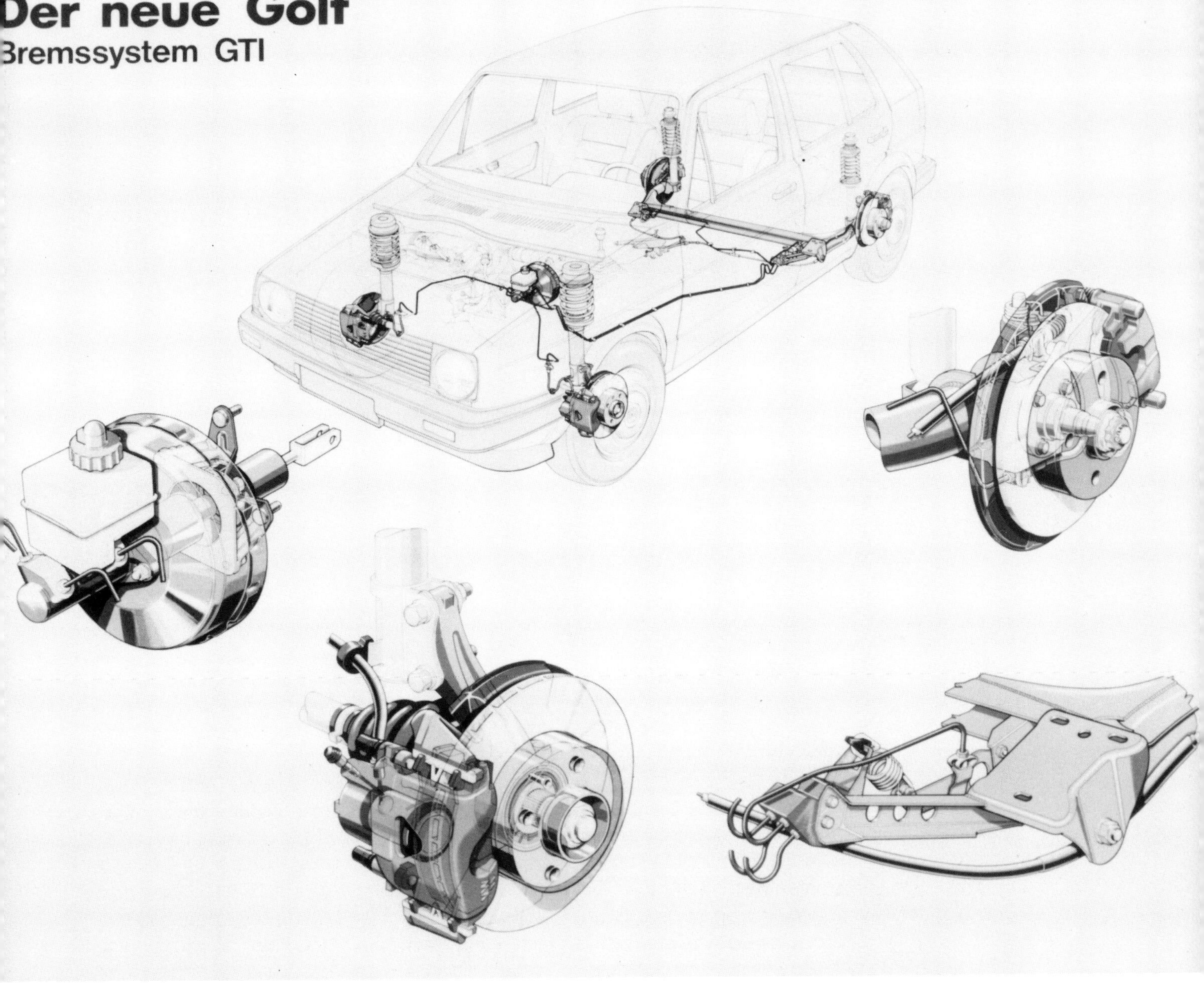

Scheibenbremsen an allen vier Rädern – die vorderen sind sogar innenbelüftet – sorgen für eine den Fahrleistungen angepaßte Verzögerung.

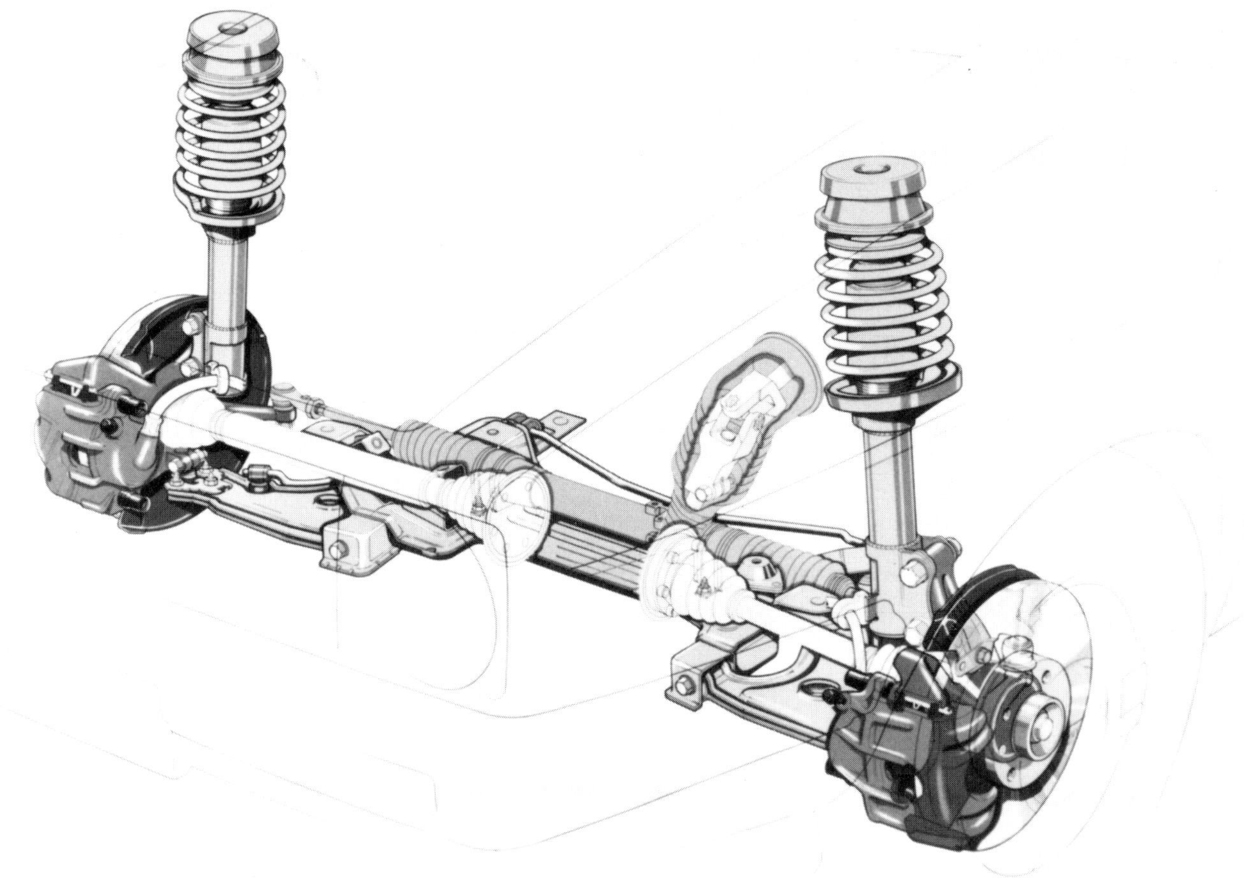

Der Golf 2 bekam eine völlig überarbeitete Vorderachse mit Federbeinen, Dreiecksquerlenkern und einer wartungsfreien Zahnstangen-Lenkung. Und für den GTI zusätzlich einen Stabilisator.

gen Verbrauchswerte, die das Werk angab: 5,7 Liter Superbenzin sollten bei konstant Tempo 90 durch die Bosch K-Jetronic fließen, 7,5 Liter bei konstanten 120 km/h und 10,1 Liter beim Stadtzyklus (DIN-Werte). Im täglichen Leben bedeutete das einen Verbrauchswert von etwa sieben bis elf Litern auf 100 Kilometern – nicht schlecht für so viel Temperament.

Der neue GTI hatte sich rasch die Beliebtheit seines Vorgängers erworben: Er war schneller, sparsamer, komfortabler und großräumiger als sein Vorgänger – er war allerdings auch teurer geworden: Statt 20 465 Mark waren nun 21 115 Mark auf den Tisch des Händlers zu legen.

Technischer Fortschritt hat eben seinen Preis – schließlich wollen auch die Milliardenkosten für die Entwicklung solch neuer Modelle erst einmal wieder verdient werden.

Hinzu kamen Dinge wie die äußerst bequemen Sportsitze oder das übersichtliche Armaturenbrett mit den beiden großen Rundinstrumenten für Geschwindigkeit und Drehzahl. Die vier Scheibenbremsen (vorne innenbelüftet), die ihren wichtigen Beitrag für die Sicherheit beitrugen, waren genauso

Premiere im August 1983: Der GTI 2 bietet deutlich mehr Innenraum, mehr Komfort und ist wirtschaftlicher als sein bewährter Vorgänger – durch das Mehrgewicht von etwa 55 Kilogramm wurden die Fahrleistungen jedoch etwas schlechter.

Wie beliebt der GTI auch im Breiten-Rennsport war, zeigen diese Aufnahmen, die beim Bergrennen im schwäbischen Neuffen gemacht wurden.

Der Hamburger Jochi Kleint war im Jahr 1985 einer der erfolgreichsten Golf GTI 2-Fahrer, der auch leistungsstärkeren Fahrzeugen oft die Heckklappe zeigte – hier ist er bei der San Remo-Rallye zu sehen.

PIRELLI
Volkswagen Motorsport
PIRELLI
WOB-VZ 7
Castrol
BOSCH
6

VOLKSWAGEN MOTORSPORT
WILLI NIES KG
GTI
PIRELLI
Castrol
BOSCH RALLYE
BOSCH RALLYE
WOB-DW 87
3

Oben: Einer der größten Sporterfolge des Golf GTI: 1981 wurde das Dachauer Team Alfons Stock und Paul Schmuck Deutscher Rallyemeister – ihr Gruppe 2 »Rheila«-Golf leistete etwa 175 PS.

Unten: Wenn das Wörtchen »wenn« nicht wär: Jochi Kleint und Matthias Fels hätten 1987 Deutsche Rallyemeister werden können, wenn die Antriebswellen mit den 195 PS des GTI 16 V nicht zuweilen überfordert gewesen wären.

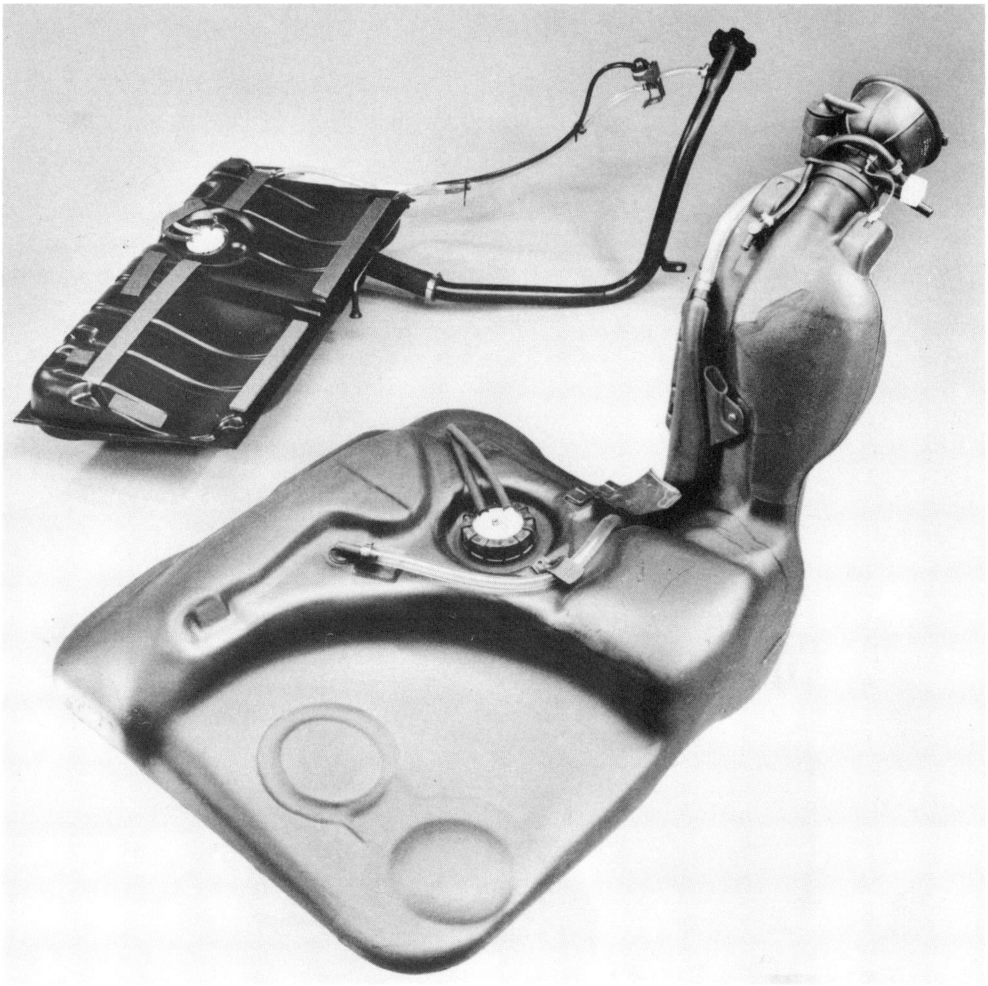

Der Tank des neuen Golf (vorn) faßt 55 Liter Kraftstoff gegenüber einem Fassungsvermögen von 40 Liter des früheren Behälters (hinten). Er ist ein rechtes Kunststoff-Kunstwerk, das jedes freies Eckchen nutzt und gegenüber einem Metallbehälter auch noch höhere Sicherheit und geringeres Gewicht aufweist.

selbstverständlich wie das völlig überarbeitete Heizungssystem, bei dem größere Querschnitte aller Heizungs- und Lüftungskanäle bei niedrigeren Strömungsgeschwindigkeiten einen höheren Luftdurchsatz – und damit zugleich eine Verminderung der Geräuschkulisse – zuließen. Ein weiterer Beitrag zu Komfort und passiver Sicherheit.

Relativ rasch nach der Einführung bekam der GTI 2 einen neuen Kühlergrill mit zwei Zusatzscheinwerfern, der das sportlichste der Golf-Modelle auch optisch von den schwächer motorisierten Angeboten abheben sollte – und dazu kam dann noch der Doppelrohr-Auspuff (ebenfalls im März 1985), der auch dem »Dahinterfahrenden« rasch klarmachte, daß hier ein GTI neuerer Bauart fuhr.

Der Reiz des GTI bestand schon immer darin, daß der Käufer hier ein kleines und dennoch geräumiges, ein schnelles und dennoch sparsames, ein sportliches und dennoch alltagstaugliches und ein mit einem exclusiven Touch behaftetes und dennoch im Unterhalt billiges Fahrzeug bekommt. Und der hervorragende Wiederverkaufswert stört auch nicht, vor allem, wenn man die Preiserhöhungen der vergangenen Jahre auf mittlerweile 26415 Mark (1987) betrachtet.

Mit neuem Grill, ohne Dreiecksfenster in den Fronttüren und mit versetztem Rückspiegel – der GTI des Modelljahres 88. Und außerdem auch mit Katalysator lieferbar.

Schließlich gab es doch einige Modellpflege-Maßnahmen – so wurde für die umweltbewußten GTI-Fahrer eine 107 PS (79 kW) starke Alternative mit geregeltem Katalysator (US-Norm) eingeführt, die 186 km/h Höchstgeschwindigkeit und eine Beschleunigung in 10,3 Sekunden von Null auf 100 km/h ermöglicht. Die Verbrauchswerte: 6,1 Liter bei 90 km/h, 8,1 Liter bei 120 km/h und 10,3 Liter beim Stadtzyklus.

Bei der Optik gab es einen neuen Kühlergrill, den Wegfall der vorderen Dreiecksfenster – und daraus resultierend – die Verlegung des Außenspiegels näher zur A-Säule hin. Ansonsten blieb alles beim alten – aber was soll man auch an einem sehr guten Auto alles verbessern?

TECHNISCHE DATEN – GOLF GTI 2

1983

Motor	
Bauart	wassergekühlter Vierzylinder-Reihenmotor, vorn quer eingebaut
Hubraum (cm^3)	
effektiv	1781
nach deutscher Steuerformel	1760
Bohrung/Hub (mm)	81,0/86,4
Verdichtung	10,0
Leistung (kW/PS bei 1/min)	82/112/5400 (1987)
max. Drehmoment (Nm bei 1/min)	159/4000 (1987)
Ventilsteuerung	obenliegende Nockenwelle, Tassenstössel
Gemischaufbereitung	K-Jetronic-Einspritzanlage
Zündsystem	elektronische Zündanlage
Drehzahlbegrenzer	6700

Gepäckraum	
Sitzbank aufgestellt (Messung bis Hutablage)/	
Sitzbank umgeklappt (Messung bis unters Dach)	
VDA-Messung (Liter)	336/1170
Kugelmessung (Liter)	410/1430
Länge (mm)	822
größte Breite (mm)	1300
Höhe (mm)	888
Höhe bis Abdeckung (mm)	498
Höhe Heckklappe, Ladeöffnung (mm)	535
Breite oben/unten (mm)	970/800

Kraftübertragung	Frontantrieb
Kupplung	Einscheiben-Trockenkupplung
Fünfgang-Schaltgetriebe	
1. Gang	3,45/3,46 (1987)
2. Gang	2,12
3. Gang	1,44
4. Gang	1,13
5. Gang	0,89
R.-Gang	3,17
Achse	3,67
Elektrische Anlage	
Batterie (V, Ah)	12/45
Drehstromgenerator (A max.)	55
Fahrwerk	
Vorderachse	Federbeine, Dreiecksquerlenker, Stabilisator für 82-kW-Modell
Hinterachse	Federbeine, Verbundlenkerachse, Stabilisator für 82-kW-Modell
Bremsanlage	Diagonal-Zweikreis (hydraulisch)
vorn/hinten	innenbelüftet Scheibe/Scheibe
Bremskraftverstärker	9″
Bremskraftregler	ja
Lenkung	wartungsfreies Zahnstangen-Lenkgetriebe
Räder	Vierloch-Stahlscheibenräder
serienmäßig	5½ J × 13
Mehrausstattung	Leichtmetallräder 6 J × 14
Bereifung	Stahlgürtelreifen
serienmäßig	175/70 HR 13
Mehrausstattung	185/60 HR 14
Abmessungen	
Länge (mm)	3985
Breite (mm)	1680
Höhe (mm)	1405
Spurweite vorn/hinten (mm)	1427/1422
Radstand (mm)	2475
Wendekreisdurchmesser (m)	ca. 10,5
Komfortmaß (mm)	1837
Ellenbogenbreite vorn (mm)	1417
Schulterraumbreite vorn/hinten (mm)	1355/1380 (1355)*
Sitzbreite vorn/hinten (mm)	520/1250
Beinraumlänge vorn/hinten (mm)	1028/850
Sitzraumfläche (m^2)	2,60
	*viertüriges Modell
Gewichte	
Leergewicht, 2türig/4türig Schaltgetriebe (kg)	920/940
Nutzlast, 2türig/4türig Schaltgetriebe (kg)	510/490
zul. Gesamtgewicht (kg)	1430
zul. Achslast vorn/hinten (kg)	
zul. Anhängelast bis 12% Steigung gebremst/ungebremst (kg)	1200/490
zul. Stützlast (kg)	50
zul. Dachlast (kg)	75

Fahrleistungen	
Höchstgeschwindigkeit Schaltgetriebe 5-Gang (km/h)	191
Beschleunigung Schaltgetriebe 5-Gang (s)	
0–80 km/h	6,5
0–100 km/h	9,7
Kraftstoffverbrauch	
DIN 70030 (l/100 km)	
5-Gang-Schaltgetriebe	
bei konstant 90 km/h	5,7
bei konstant 120 km/h	7,5
im Stadtzyklus	10,0/9,9 (1987)
Füllmengen	
Tank (Liter)	55
Motoröl mit Filterwechsel/ohne (Liter)	3,5/3,0 4,0/3,5 (1987)
Kühlflüssigkeit (Liter)	ca. 6,5
Scheibenwaschbehälter vorn/hinten (Liter)	4,0/1,5
Scheinwerferreinigungsanlage (Liter)	9,2

1987

Eine Katalysator-Variante kommt ins Angebot – Technik wie GTI, außer:

Leistung (kW/PS bei 1/min)	79/107/5400
max. Drehmoment (Nm bei 1/min)	157/3800
Fahrleistungen	
Höchstgeschwindigkeit	186 km/h
Beschleunigung (s)	
0–80 km/h	6,9
0–100 km/h	10,3
Kraftstoffverbrauch	
DIN 70030 (l/100 km)	
5-Gang-Schaltgetriebe	
bei konstant 90 km/h	6,1
bei konstant 120 km/h	8,1
im Stadtzyklus	10,3

16 Ventile und 139 PS

Der designierte GTI-Nachfolger

Als sich am 14. und 15. Dezember 1982 eine Runde entscheidungsbefugter Männer im Design-Gebäude in Wolfsburg zusammenfand und über die Vorlage APP 543 abschließend beriet, war dies zugleich die Geburtsstunde des 16-Ventilers. Denn das unter der Bezeichnung »Top 4« genehmigte »Höhermotorisierungsvorhaben A-Klasse (1,8 l/102 kW)« hatte den Weg zu mehr Leistung unter Umgehung des Turboladers gewiesen.

Diese Leistungssuche wurde nötig, nachdem die Konkurrenz mit immer stärkeren Modellen in dem vom GTI entdeckten Marktsegment am Ruf des Wolfsburgers genagt hatte. Schließlich war der GTI zu einem Synonym für leistungsstarke, handliche und dennoch ökonomische Autos geworden – und da der GTI 2 nach Meinung einiger Kritiker sich weder optisch noch leistungsmäßig allzu sehr von den »normalen« Golf-Modellen unterschied, sollte nun der 16 V hier wieder Boden gut machen.

Natürlich hatte sich die Entwicklungsabteilung schon früher mit allen möglichen Formen der Leistungssteigerung beschäftigt – so waren in den Jahren 1978 und 1979 auch mehrere Motoren mit Turbolader entstanden, die zwar Leistungen zwischen 145 und 160 PS problemlos an die Vorderachse brachten, dafür jedoch zuviel Benzin verbrauchten. Bedingt durch die niedrige Verdichtung, die damals bei Turbomotoren noch verwendet wurde, stiegen die Verbrauchswerte beim damaligen Stand der Technik in Höhen, die eine Firma, die den Namen »Volks«-Wagen trägt, nicht akzeptieren konnte.

»Zudem war das Ansprechverhalten dieser Motoren nicht sonderlich kultiviert, die Turbo-Verzögerung noch deutlich ausgeprägt und ein teurer Ladeluftkühler hätte nach unserer Überzeugung auch noch montiert werden müssen«, Wolfgang Lincke wußte, daß »ein Kopf mit vier Ventilen pro Zylinder die bessere Lösung« war.

Im Dezember 1981 begann die Entwicklung des Motors APP 543; und im August 1982 lief der erste Motor auf dem Prüfstand. Im Dezember 1982 wurde er schließlich das erstemal in einem Wagen montiert und nach der positiven Entscheidung des Managements am 14. und 15. Dezember konnte ihn die Öffentlichkeit im September 1983 auf der Auto-Ausstellung in Frankfurt das erste Mal betrachten.

Und dann begann die lange Zeit des Wartens auf den »16 V«, der schließlich erst im Juli 1985 der Presse vorgestellt wurde und dessen Auslieferung im Oktober 1985 begann.

Ein kleines »16 V«-Emblem unter dem GTI-Zeichen und ein Spoiler mit zwei Lufteinlaßöffnungen für die zusätzliche Belüftung der Vorderradbremsen – das sind die vorderen Erkennungsmerkmale des GTI-16 V.

Wie konnte es zu dieser langen Verzögerung kommen?

Dazu trug die Versuchsabteilung in Wolfsburg ihrem Teil bei, die den Motor – wie er in Frankfurt stand – nicht akzeptieren mochte. Das Triebwerk kam, wie etliche andere Motoren des Hauses, von der Tochter Audi aus Ingolstadt – der Versuch von VW mußte ihn jedoch für die Produktion freigeben. Und da die Wolfsburger trotz der Kompliziertheit dieses Triebwerks auf der Möglichkeit einer Massenproduktion bestanden – immerhin waren von Anfang an mindestens 200 Exemplare pro Tag geplant –, mußte noch etliches geändert werden.

Wer heute ein Bild des Motors betrachtet, der 1983 das Vierventil-Zeitalter bei VW einläutete, wird erkennen, daß hier der Antrieb der zweiten Nokkenwelle durch Zahnräder geschah, während es nun – im Serienwagen – durch eine kundendienstfreundlichere Kette geschieht. Dazu wurde der Zahnriemen von 19 auf 25 Millimeter Breite vergrößert und das ursprünglich geplante M 10-Gewinde für die Zündkerzen (das sich als zu empfindlich für das Überdrehen herausstellte) wurde durch ein M 12-Gewinde ersetzt.

Trotz dieser und manch anderer Feinarbeit wäre der 16V im Spätherbst 1984 vorgestellt worden, wenn nicht mittlerweile die Katalysator-Diskussion aufgekommen wäre. Man war sich in Wolfsburg rasch darüber im klaren, daß ein derart sportlicher Motor unbedingt auch mit einem Katalysator auf den Markt kommen mußte – und so begann im Juli 1984 dann auch noch die Entwicklung für diese umweltfreundliche Alternative.

Die Entwicklung war allerdings nur das letzte Mosaiksteinchen bei der Konzeption eines Triebwerks, das sich durch – für Großserientechnik – außergewöhnliche Details auszeichnet:

So haben beispielsweise zwei kleine Ventile stets zusammen einen größeren Durchmesser als ein großes. Daraus resultiert, daß bei einem Motor mit vier Ventilen pro Zylinder (zwei Einlaß- und zwei Auslaß-Ventile) pro Arbeitstakt auch mehr Luft (und damit auch mehr Sauerstoff) in den Zylinder einfließen kann. Mehr Sauerstoff gibt – mit der entsprechend dosierten Menge Kraftstoff – auch eine vollständigere und stärkere Verbrennung, die ihrerseits wieder für mehr Leistung sorgt. Als erfreuliche Dreingabe sorgt eine bessere Verbrennung auch noch für einen besseren Wirkungsgrad, also für mehr Wirtschaftlichkeit – und zudem noch für perfektere Verbrennung des Benzins und damit für schadstoffarmere Abgase.

Die Problematik dieser zeitgemäßen Triebwerke lag jedoch stets in der Kompliziertheit ihres Aufbaus und der daraus resultierenden Schwierigkeit, größere Serien zu günstigen Preisen zu realisieren.

Es ist klar, daß kleinere Ventile höheren Belastungen standhalten müssen – also wählte man für den 16V gepanzerte Einlaß-Ventile mit 28 Millimeter Durchmesser und natriumgekühlte Auslaß-Ventile mit 32 Millimeter Durchmesser. (Die Werte des normalen GTI: 33 und 40 Millimeter.) Für die wartungsfreie Betätigung sorgen hier Hydrostößel, und die Steuerung selbst übernehmen zwei obenliegende Nockenwellen, die von einem Zahnriemen und einer Kette gesteuert werden. Außerdem werden die Kolben nun – wie beim Turbo-Dieselmotor – spritzölgekühlt, um der höheren thermischen Belastung standzuhalten. Für diesen Zweck wurde auch die Ölpumpe größer dimensioniert – sie schleust jetzt 32 Liter Öl pro Minute durch den Motor, gegenüber 27 Litern beim GTI.

Dank der immer besser werdenden Elektronik konnte – sogar bei der mit bleifreiem Normalbenzin zu fahrenden Katalysator-Version – mit einem Verdichtungsverhältnis von 10:1 gearbeitet werden. Nur sorgt bei diesem umweltfreundlichen Wagen ein Klopfsensor dafür, daß im Falle einer zu hohen Belastung die Zündung automatisch in Richtung »spät« verstellt wird, so daß der Motor keinen Schaden nimmt. Als Vorsorge gegen Beschädigungen wurde auch ein Drehzahlbegrenzer montiert, der bei 7200/min die Benzinzufuhr einstellt.

Im Gegensatz zu dem von der Firma Oettinger entwickelten Vierventil-Motor – der 1983 in 2000 Exemplaren über französische VW-Händler verkauft wurde – besteht der Zylinderkopf des VW-Motors nur aus einem Stück. Oettinger setzte auf einen zweiteiligen Zylinderkopf, weil dieser bei geringen Stückzahlen die kostengünstigere Lösung darstellte. Der französische Markt war auch zugleich, da er 50 Prozent der GTI-Produktion aufnahm, ein hervorragender »Test«-Markt für diese leistungsgesteigerte (150 PS) GTI-Version.

Der Zylinderkopf selber, bei dem die Einlaß-Ventile in einem Winkel von 25° und die Auslaß-Ventile senkrecht montiert sind, besteht aus Aluminium, dem 5 bis 7 Prozent Silicium und geringfügige Mengen von Mangan und Titan beigefügt sind. Beim Gußverfahren selbst wurde von der Diesel-

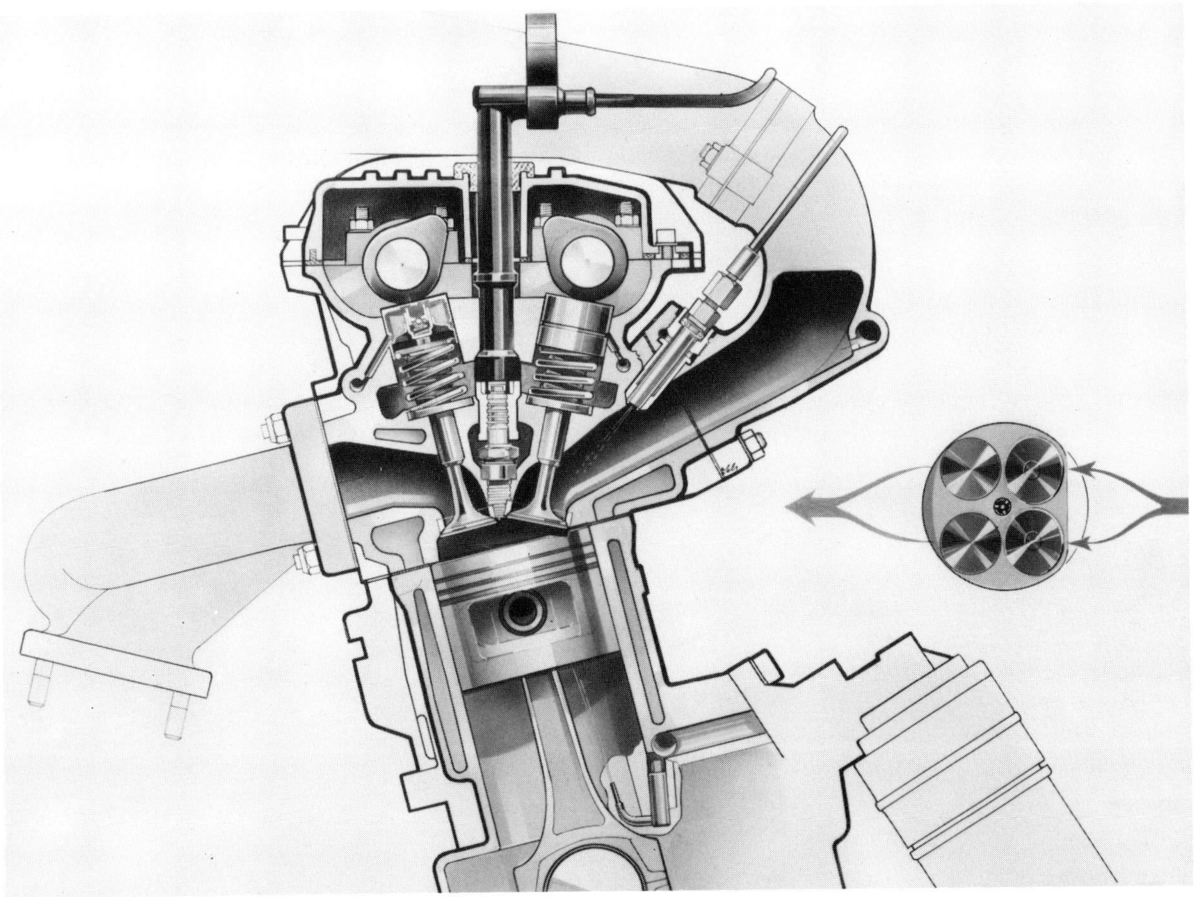

Beim Sechzehnventil-Motor für Golf GTI und Scirocco GTX hängen die Auslaßventile senkrecht, während die Einlaßventile um 25° zur Senkrechten geneigt sind. Von 50 auf 41 mm Innendurchmesser verengte Saugrohre beschleunigen die Luftströmung. Der zentrale Sitz der Zündkerze sorgt für saubere, schnelle Gemischverbrennung. Die Kolbenböden werden von Düsen mit Öl aus dem Hauptölkanal gekühlt.

motoren-Technik profitiert, da hier der Kopf auch hohe Drücke vertragen muß. Es kommt deshalb auch beim Benziner ein sogenannter »geimpfter« Guß zum Einsatz, der sechs Stunden bei 500°C und anschließend zwei Stunden bei 200°C abkühlt.

Das Ergebnis ist ein nur 170 Kilogramm wiegendes Kraftpaket, dessen 139 PS (102 kW) für überragende Fahrleistungen bei günstigen Verbrauchswerten sorgen.

Über mangelnde Leistung hatte dieses Triebwerk noch nie zu klagen. Selbst der in Frankfurt 1983 vorgestellte erste 16V hatte – statt der angegebenen 139 PS zehn PS mehr Leistung – und auch bei der überarbeiteten Version standen 149 PS zur Verfügung, die – nach entsprechender Weiterentwicklung – zwar wegfielen, aber dem Drehmoment-Verlauf und damit der Laufkultur zugute kamen.

Mit je zwei Ventilen von 32 und 28 mm Durchmesser pro Zylinder für Einlaß und Auslaß verbessert sich der Gasdurchsatz beim Sechzehnventil-Motor für Golf GTI und Scirocco GTX um gut 20 Prozent.

Die beiden Nockenwellen im Zylinderkopf des Sechzehnventil-Motors sind über eine Rollenkette miteinander verbunden. Sie drehen sich dadurch geräuscharm und in gleicher Richtung in ihren neun Lagern.

Tassenstößel
mit hydraulischem
Ventilspiel-Ausgleich
machen die
Wartungsarbeit
»Ventilspiel einstellen«
überflüssig.
Die Teller der Einlaß-
und Auslaßventile
sind wegen der
Verschleißfestigkeit
gepanzert.
Zur besseren
Wärmeableitung sind
die hohlen Schäfte
der Auslaßventile mit
Natrium gefüllt.

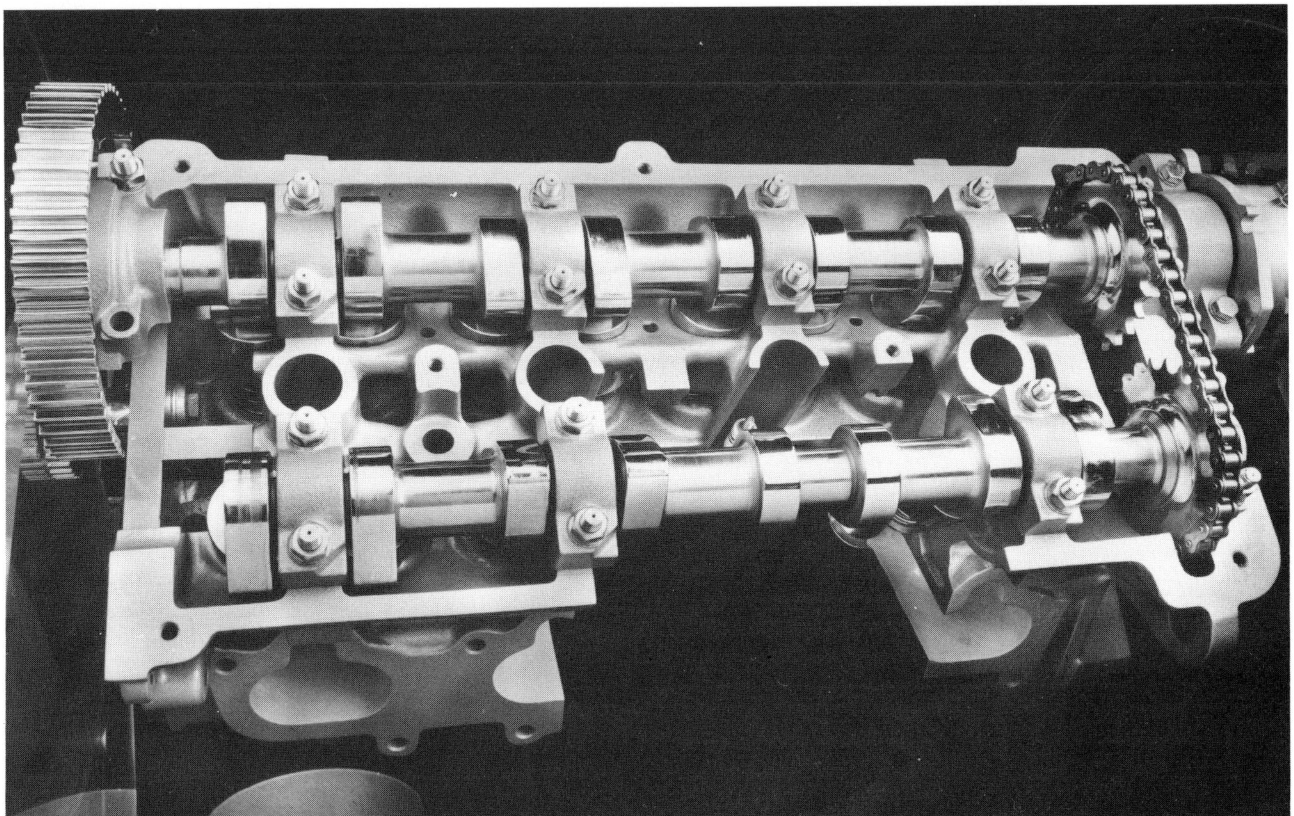

Der Drehmoment-Verlauf ist für einen derart sportlichen Motor wirklich überraschend: Zwar wird das maximale Drehmoment von 168 Nm erst bei 4600/min abgegeben – es liegt jedoch im Bereich von 2800 bis 6100/min über 160 Nm. Dementsprechend schaltfaul läßt sich der Wagen dann auch fahren.

So sah das Heckemblem des in Frankreich von VAG France angebotenen Golf GTI mit dem Oettinger 16-Ventil-Motor aus.

Es ist kein Problem mit diesem 16-Ventiler – im dritten oder vierten Gang – bei 2000/min durch die Stadt zu schleichen und dann, bei einem entsprechenden Tritt auf das Gaspedal, mit Erstaunen zur Kenntnis zu nehmen, wieviel Temperament »nur« 1,8 Liter Hubraum haben können. Nach 8,5 Sekunden ist beim Golf 16 V die 100 km/h-Grenze erreicht – die Scirocco 16 V-Variante schafft diesen Spurt sogar in 8,1 Sekunden. Und die Höchstgeschwindigkeit pegelt sich – nach einem relativ kurzen Anlauf – für beide Modelle bei 208 km/h ein.

Selbst die 10 PS schwächere Version mit dem Katalysator kann sich noch zu den sportlichsten Fahrzeugen im Lande zählen: Beide Modelle erreichen 200 km/h und sind nach 9,0 Sekunden (Golf 16 V) und 8,6 Sekunden (Scirocco 16 V) 100 km/h schnell.

Natürlich wurde auch das Fahrwerk dieser gesteigerten Leistung angepaßt: Sowohl beim Golf als auch beim Scirocco wurde der Bodenabstand gegenüber dem GTI nochmals um 10 Millimeter verringert, der seinerseits bereits gegenüber dem »Normal«-Modell um 10 Millimeter tiefer gelegt worden war. Dazu kamen härtere Federn vorne und hinten (21–23/mm und 14,7–17,5/mm) sowie eine straffere Dämpfung beim Golf 16 V. Während beim Golf die Stabilisatoren gegenüber dem GTI gleich blieben, wurde der Scirocco 16 V hinten mit dickeren Stabilisatoren versehen, dafür bekam er nur vorne die härteren Federn.

Außerdem hatte bei den 16 V-Modellen ein etwas größerer Frontspoiler für mehr Anpreßdruck bei den gewachsenen Geschwindigkeiten zu sorgen. Und natürlich wurden auch die Reifenbreiten der Mehr-Leistung angepaßt: Auf 6 J 14-Felgen kamen nun 185/60 VR 14-Reifen zum Einsatz.

Die 139 PS verlangten aber nicht nur nach einer besseren Straßenlage, sondern auch nach einer besseren Bremsanlage, die problemlos in der Lage war, für die entsprechenden Verzögerungswerte zu sorgen. Die vorderen Scheibenbremsen sind nun innenbelüftet, und damit die Bremssättel mehr Kühlluft zugeführt bekommen, hat der Frontspoiler zusätzliche Lüftungsschlitze. Beim Scirocco wurden hingegen die vorderen Scheibendurchmesser

Erkennbar an der Antenne auf dem hinteren Abschnitt der Dachpartie: Die 16 V-Varianten des Golf und des Scirocco.

Der Golf GTI 16 V hat gut ablesbare, blendfreie Instrumente, alle Bedienungselemente sind leicht zu erreichen. Vierspeichen-Sportlenkrad, Sportsitze, Drehzahlmesser, digitale Multifunktionsanzeige und Stereo-Radiovorbereitung (elektronische Dachantenne, vier Lautsprecher und Entstörung) sind serienmäßig.

von 239 Millimeter auf 256 Millimeter vergrößert. Dazu kamen auch hinten Scheibenbremsen – die beim GTI bereits vorher serienmäßig waren. Daß die Reibbeläge asbestfrei sind, hatte sich ja schon lange bei VW durchgesetzt. Und last not least besitzt der Golf nun einen lastabhängigen Bremskraftregler, während beim Scirocco dieses System druckabhängig ausgelegt ist. Das Anti-Blockier-System der Frankfurter Firma Alfred Teves kam dann von dem Modelljahr 1987 (also im Herbst 1986) an, dann allerdings in der 3. Generation, zum Einsatz.

All diese Maßnahmen machten aus dem »normalen« GTI ein bemerkenswertes Auto, das nur wenig Probleme haben dürfte, seine Rolle als der »echte« GTI einzunehmen. Der 16 V ist schnell und sparsam – so liegen die vom Werk bekanntgegebenen Verbrauchswerte bei 6,1 Liter bei konstant Tempo 90, bei 7,5 Liter für Tempo 120 und bei 10,9 Liter für den Stadtzyklus (alle Werte nach DIN 70030) – die

Abgas-Doppelendrohr, Heckwischer mit Intervallschaltung und elektronisch verstärkte Dachantenne gehören zum Serienumfang des Golf GTI 16 V.

entsprechenden Werte für die Katalysator-Version: 6,4 Liter – 8,0 und 11,3 Liter auf 100 Kilometer.

Die Werte des Scirocco 16 V sind noch besser: 6,0 (6,3) bei Tempo 90 – 7,4 (7,9) bei konstant 120 km/h und 10,9 (11,3) beim Stadtzyklus (die Werte der Katalysator-Version in Klammern).

Im Alltag pendelt sich dann der Verbrauch zwischen sieben und elf Liter ein, wobei man für einen Verbrauch von elf Liter auf 100 Kilometer schon permanent Vollgas fahren muß. Normalerweise ist es schwer, die Zehn-Liter-Grenze zu überschreiten.

Das ist nicht viel für einen so schnellen und so sicheren Wagen – und deshalb schrieb auch die englische Fachzeitschrift autocar: »Mit nahezu den gleichen Verbrauchswerten wie der GTI bietet der 16 V deutlich bessere Fahrleistungen – wir können die Käufer und Interessenten gut verstehen, die es kaum erwarten können, daß der 16 V nach England kommt. Bietet er doch eine hervorragende und komplette Serien-Ausstattung mit deutlich verbesserten Fahreigenschaften – und eine bemerkenswerte Extra-Leistung, die der Ökonomie in keiner Weise schadet.«

Für 30380 Mark (Scirocco 16V) und 28715 Mark (Golf 16V) bieten die Wolfsburger in der Tat eine reichhaltige Ausstattung: So gibt es Doppelscheinwerfer mit Halogen-Hauptscheinwerfern, eine Heckscheiben-Wasch-Wisch-Anlage mit Intervall-Schaltung sowie im Innenraum hervorragende Sportsitze, die den hohen erreichbaren Kurvengeschwindigkeiten eine adäquate Abstützung von Fahrer und Beifahrer garantieren. Dies ist nur eine kleine Auswahl aus der großen – extra aufgeführten – Serienausstattung- und Extra-Liste.

Zu erwähnen ist noch die Antenne, die ihren angestammten Platz, vorn links auf dem Kotflügel, verlor, und nun auf dem hinteren Teil des Daches thront, da der Zündverteiler – der seinen neuen Platz an der hinteren Stirnseite der zweiten Nokkenwelle gefunden hatte – die Empfangsqualitäten der links an der Windschutzscheibe positionierten Antenne deutlich beeinträchtigte.

Auf der Suche nach der besten Lage wurde man nun auf dem Heck fündig – und damit keine Waschanlage die nicht demontierbare Antenne zerstört, wurde dieselbe kunststoffummantelt gegossen, damit sie sich erfolgreich jeder rotierenden Bürste widersetzt.

Man konnte rasch wetten, wie schnell sich dieses 16V-Erkennungs-Merkmal auch an anderen Fahrzeugen des Hauses wiederfinden würde. Schließlich wurde schon stets das sportlichste Modell der Golf-Baureihe zum Trendsetter – der 16V machte da keine Ausnahme – wie der Jetta 16V später bewies.

Was die Modellpflege-Maßnahmen betraf, so deckten sie sich mit denen des »normalen« GTI: Neuer Frontgrill, keine Dreiecksfenster in den Fronttüren mehr und die nach vorne gerutschte Position der Rückspiegel.

Der schnellste aller GTI's – der 16V mit 139 PS Leistung.

Serienausstattung und Extras beim Golf GTI 16 V

Außen
- □ Doppelscheinwerfergrill mit Halogen-Hauptscheinwerfern
- □ Kotflügelverbreiterungen
- □ Breite seitliche Stoßprofilleisten
- □ Großer Frontspoiler
- □ Heckspoiler
- □ Zwei Rückfahrleuchten
- □ Nebelschlußleuchte
- □ Heckscheiben-Wasch-Wisch-Anlage mit Intervallschaltung
- □ Auspuff-Doppelendrohr
- □ Von innen einstellbarer Außenspiegel auf Fahrerseite
- □ Stahlscheibenräder 6 J×14
- □ Niederquerschnittsreifen 185/60 VR 14
- □ Elektronisch verstärkende Dachantenne
- □ Roter »16 V«-Schriftzug am Kühlergrill und Heckklappe

Innen
- □ Sportsitze vorn
- □ Mittelkonsole
- □ Vierspeichen-Sportlenkrad
- □ Innenleuchte mit Abschaltverzögerung
- □ Drehzahlmesser
- □ Digitale Multifunktionsanzeige (Uhrzeit, Fahrzeit, Fahrstrecke, Durchschnittsgeschwindigkeit und -verbrauch, Öl- und Außentemperatur)
- □ Stereo-Radiovorbereitung

Extras
- □ Klimaanlage
- □ Stahlkurbeldach
- □ Zentralverriegelung
- □ Servolenkung
- □ Grüne Wärmeschutzverglasung
- □ Metallic-Lackierung
- □ Anhängevorrichtung
- □ Leder-Ausstattung
- □ Höhenverstellbarer Fahrersitz
- □ Geteilte Rücksitzbank
- □ Recaro-Sportsitze
- □ Kopfstützen im Fond
- □ Halogen-Nebelscheinwerfer
- □ Scheinwerfer-Reinigungsanlage
- □ Elektrische Fensterheber
- □ Leuchtweitenregelung
- □ Leichtmetallräder

TECHNISCHE DATEN – GOLF GTI 16 V

	Golf GTI 16 V 102 kW (139 PS)	Golf GTI 16 V mit Abgasreinigung 95 kW (129 PS)
Motor		
Bauart	wassergekühlter Vierzylinder-Reihenmotor Aluminium-Zylinderkopf mit je zwei Ein- und Außlaßventilen pro Zylinder; vorn quer eingebaut	
Hubraum (cm^3)		
effektiv	1781	1781
nach deutscher Steuerformel	1760	1760
Bohrung/Hub (mm)	81,0/86,4	81,0/86,4
Verdichtung	10,0	10,0
Leistung (kW/PS bei 1/min)	102/139/6100	95/129/6000
max. Drehmoment (Nm bei 1/min)	168/4600	168/4250
Ventilsteuerung	zwei obenliegende Nockenwellen, Tassenstößel mit hydraulischem Ventilspielausgleich	
Gemischaufbereitung	Mechanisch geregelte Einspritzanlage	
	K-Jetronic	KE-Jetronic
	luftumfaßte Einspritzventile, Leerlauf-Füllungsregelung, Schubabschaltung	
Zündsystem	elektronische Kennfeldzündung Klopfgrenzenregelung	
Drehzahlbegrenzer (bei 1/min)	7200	

Kraftübertragung	Frontantrieb
Kupplung	Einscheiben-Trockenkupplung mit automatischer Nachstellung
Getriebe	vollsynchronisiertes Fünfgang-Schaltgetriebe
Übersetzungen	
Fünfgang-Schaltgetriebe	
1. Gang	3,45/3,46 (1987)
2. Gang	2,12
3. Gang	1,44
4. Gang	1,13
5. Gang	0,91
R.-Gang	3,17
Achse	3,67
Elektrische Anlage	
Batterie (V/Ah)	12/45
Drehstromgenerator (A max.)	55
Fahrwerk	
Vorderachse	Federbeine, Dreiecksquerlenker, Stabilisator
Hinterachse	Federbeine, Verbundlenkerachse, Stabilisator
Bremsanlage	Diagonal-Zweikreis (hydraulisch)
vorn/hinten	Scheibe, innenbelüftet/Scheibe
Bremskraftverstärker	9″
Bremskraftregler	lastabhängig
Lenkung	wartungsfreies Zahnstangen-Lenkgetriebe
Räder	Vierloch-Stahlscheibenräder
serienmäßig	6 J×14
Mehrausstattung	6 J×14 – Leichtmetallräder
Bereifung	Stahlgürtelreifen 185/60 VR 14

Abmessungen	
Länge (mm)	3985
Breite (mm)	1680
Höhe (mm)	1395
Spurweite vorn/hinten (mm)	1427/1422
Radstand (mm)	2475
Wendekreis-∅ (m)	ca. 10,5
Komfortmaß (mm)	1837
Ellenbogenbreite vorn (mm)	1417
Schulterraumbreite	
vorn/hinten (mm)	1355/1380 (viertürig 1355)
Sitzbreite	
vorn/hinten (mm)	520/1250
Beinraumlänge	
vorn/hinten (mm)	1028/850
Sitzraumfläche (m^2)	2,60
Gepäckraum	
Sitzbank aufgestellt	
(Messung bis Hutablage)/	
Sitzbank umgeklappt	
(Messung bis unters Dach)	
VDA-Messung (Liter)	345/1145
Kugelmessung (Liter)	410/1360
Länge (mm)	822
größte Breite (mm)	1300
Höhe (mm)	888
Höhe bis Abdeckung (mm)	498
Breite oben/unten (mm)	970/800

Gewichte		
Leergewicht		
2türig/4türig (kg)	960/980	
Nutzlast, 2türig/4türig (kg)	470/450	
zul. Gesamtgewicht (kg)	1430	
zul. Achslast (kg)		
vorn/hinten	760/690	
zul. Anhängelast		
bis 12% Steigung		
gebremst/		
ungebremst (kg)	1200/510	
zul. Stützlast (kg)	50	
zul. Dachlast (kg)	75	
Fahrleistungen		
Höchstgeschwindigkeit		
km/h)	208	200
Beschleunigung (s)		
0–80 km/h	6,0	6,3
0–100 km/h	8,5	9,0
Elastizität (s)		
80–120 km/h (5. Gang)	12,0	12,0
Kraftstoffverbrauch	Superbenzin	unverbleites
DIN 70030 (l/100 km)		Superbenzin
bei konstant 90 km/h	6,1	6,4
bei konstant 120 km/h	7,5	8,0
im Stadtzyklus	10,9	11,3
Füllmengen		
Tank (Liter)	55	
Motoröl mit Filter-		
wechsel/ohne (Liter)	3,5/3,0 4,0/3,5 (1987)	
Kühlflüssigkeit (Liter)	ca. 6,5	
Scheibenwaschbehälter		
(Liter)	4,2	

Der GTI im Motorsport

Ein erfolgreicher Volkswagen

Obwohl der GTI vom ersten Tag seines Erscheinens an als äußerst sportliches und gut motorisiertes Fahrzeug galt, hatte er es auf den Renn- und Rallye-Pisten ziemlich schwer. Der Grund dafür war schnell erkannt: Um an der Spitze mitzufahren benötigt man etliche hundert Pferdestärken – und die kann ein 1,6-Liter-Triebwerk natürlich nicht so leicht bieten.

Es blieb einem Tuner vorbehalten, den ersten aufbereiteten GTI vorzustellen – die in Reutlingen ansässige Firma Max Moritz, die – neben dem erfolgreichen Porsche-Tuning, das mit den Typen 934 und 935 bis zu Einsätzen in der Deutschen Rennsport-Meisterschaft und Marken-Weltmeisterschaft führte – sich auch an das Golf-Tuning wagte. 1975 erschien der erste grünlackierte Wagen, der auch sofort der Fach-Zeitschrift »sport-auto« eine Titel-Geschichte wert war.

Dann machte sich Volkswagen selbst daran, den Golf aktiv einzusetzen. Die Geschichte der Motorsport-Abteilung dieses Hauses begann 1965, als die Firma Porsche in den USA zehn Formel V 1200 Rennwagen kaufte und diese in den Vereinigten Staaten sehr beliebten Rennwagen bei mehreren Rennen im Rahmenprogramm mit verschiedenen Fahrern einsetzte. Rasch erkannte man in Wolfsburg, daß diese preisgünstige Möglichkeit Motorsport zu betreiben, bei uns populär werden könnte.

So wurde am 11. Juli 1966 in München der Verband Formel V Europa e.V. gegründet, der von sportinteressierten VW-Händlern und VW-Importeuren finanziell gestützt wurde. Es wurden nationale Meisterschaften, sowie westeuropäische und skandinavische Meisterschaften ausgeschrieben – dazu kamen für die Sieger noch Europa-Meisterschaften, sowie Vergleichskämpfe zwischen den besten europäischen und amerikanischen Fahrern.

Parallel dazu wurden in allen Ländern der Erde Formel V-Clubs gegründet – das V-Fieber war von Südamerika über Australien und Südafrika bis hin nach Finnland ausgebrochen.

So kam die »Volkswagen Motorsport« zum Laufen, die von 1968 bis 1972 von Anton Konrad, dem heutigen Direktor für Öffentlichkeitsarbeit der Volkswagen AG, geleitet wurde.

Unter seiner Leitung wurde der Sitz von München nach Hannover verlegt. 1970 kam ein Lager mit Spezial- und Zubehörteilen hinzu, und bei der Jochen-Rindt-Show in Essen wurde der erste europäische Formel Super V der Firma Kaimann in demselben Jahr präsentiert.

Die Sportabteilung »Volkswagen Motorsport«

Ab 1975 sorgte der »Jägermeister«-Golf – hier mit der Besatzung Knollmann/Grunkowski – für einige Aufregung bei den Einsätzen zur Deutschen Rallye-Meisterschaft.

wurde ab 1972 – bis zum heutigen Tag – von Klaus-Peter Rosorius geleitet. Er wiederum sorgte bis 1981 für die Durchführung der ONS-Meisterschaft der Formel Super VW. Bei diesen Meisterschaften, die – da sie stets mit identischen Fahrzeugen ausgeführt wurden – sehr selektiv waren, bewährten sich einige Fahrer, die später Renngeschichte schrieben: 1972 gewann der spätere Porsche Werksfahrer Manfred Schurti den VW Gold-Pokal sowie die Castrol GTX-Trophy. Ein Jahr später war Helmut Koinigg, der einige Jahre später beim Großen Preis von Kanada in der Formel 1 tödlich verunglückte, Sieger des Gold-Pokals – und 1975 zeigte der spätere Formel 1-Weltmeister

Keke Rosberg, daß er sich im Pulk von gleichwertigen Wagen durchzusetzen wußte.

Dieser kleine Rückgriff in die Geschichte zeigt auf, daß man auch bei VW auf eine Motorsport-Historie zurückblicken konnte – und daß die Hannoveraner, als sie 1974 damit begannen sich intensiver mit dem Rallye-Sport auseinanderzusetzen, durchaus wußten, worauf sie sich eingelassen hatten.

In diesem Jahr wurde der sogenannte »gelbe« Golf aufgebaut – ein Gruppe 1-Wagen, der noch einen Vergaser-Motor besaß und etwa 90 PS an die Vorderachse brachte. Dieser Wagen durfte einige Probeläufe absolvieren, die zwar ermutigend, aber keineswegs mit einer Siegesplakette endeten.

1975 wurde weiter geübt: Freddy Kottulinski fuhr auf dem »Golf-Golf« genannten Wagen einige Läufe zur Rallye-Meisterschaft, während Hans Joachim Knollmann den »Jägermeister-Golf« zügig bewegte. Dazu kam noch ein Einsatz von Jochi Kleint bei der Hessen-Rallye.

Kleint fuhr auch 1976 die Deutsche Rallye-Meisterschaft – das Hauptaugenmerk der Motorsport-Abteilung lag jedoch auf der Durchführung des Scirocco GTI-Cups, für den 50 identische Fahrzeuge aufgebaut wurden. Diese Vorserie etablierte nicht nur den Begriff »GTI« im Motorsport, sie war auch die erste Realisierung eines konsequent durchgeführten Markenpokals. Sieger des »VW-Junior-Cups« – so die offizielle Bezeichnung – wurde Willi Bergmeister, den Endlauf gewann in Hockenheim der im August 1985 in Kanada verunglückte Formel 1-Fahrer Manfred Winkelhock, der hier 1976 seine Karriere startete.

Das Team Kottulinski/Schmidt hielt 1976 die Fahnen der »Volkswagen Motorsport« mit dem »Castrol«-Golf hoch.

H-VW 46

Mit Unterstützung etlicher Zubehörfirmen wurde 1977 der VW-Junior-Cup für Golf GTI-Modelle ausgeschrieben. Wichtig für die Teilnehmer: Der Golf mußte mit den vom Veranstalter vorgeschriebenen Umbauteilen umgerüstet sein.

1977 tauchte der Golf GTI erstmals auf den Rennstrecken auf – die VW Motorsport hatte in diesem Jahr den Junior-Cup für Golf GTI-Modelle ausgeschrieben, der Sieger war Georg Lensing-Hebben. Und das Team Kleint/Hänsch beteiligte sich mit einem Gruppe 1-GTI nicht nur an der Deutschen Rallye-Meisterschaft, sondern auch an internationalen Rallye-Einsätzen, wie beispielsweise der Arctic-Rallye – hier war der »Wrighleys Golf« am Start. Außerdem wurden in dieser Saison auch die ersten Test-Einsätze im Rallye-Cross gefahren. Wer den GTI-Begriff nicht nur auf den Golf bezog, konnte mit den Hannoveranern den Gewinn der GT-Europa-Meisterschaft von Willy Bergmeister auf dem Scirocco GTI mitfeiern.

Im Jahr darauf wurde die Sache immer professioneller: Der Golf-Pokal, der bislang nach einem eigenen Reglement gefahren worden war, wurde nun dem Gruppe 1b-Reglement angepaßt – damit konnten die Fahrer auch an internationalen Rennen

Der Golf wurde von Privatiers auch bei Autocross-Rennen eingesetzt – hier der aufgeräumte Motorraum eines solchen Wagens. Der 1,6 Liter-Motor leistete zu dieser Zeit etwa 170 PS.

gegen Fremdfabrikate teilnehmen. Zwar beteiligten sich noch immer die meisten Fahrer an dem Marken-Cup – viele nutzten jedoch die freien Wochenenden, um sich auch einmal mit fremden Marken zu messen. Dieser Pokal wurde bis 1982 alljährlich erneut ausgeschrieben. Die Sieger: Walter Struckmann (1978), Heinz-Friedrich Peil (1979 und 1980), Alfons Hohenester (1981).

1978 fuhr der Golf in den verschiedensten Versionen bei Rennen mit: Zwei Diesel-Fahrzeuge nahmen an der Rallye Monte-Carlo teil, ein Gruppe 5-Wagen beteiligte sich an der Rallye Cross-Europameisterschaft mit Jochi Kleint am Steuer und außerdem kamen auch die ersten Versuchseinsätze des neu entwickelten Gruppe 2-Wagens mit einer Pierburg-Benzineinspritzung, die Jochi Kleint bei den Rallye-Weltmeisterschaftsläufen der RAC in England und der 1000 Seen-Rallye in Finnland bestritt.

1979 gab es den ersten großen Sieg zu feiern:

Per Eklund konnte nach dem Ende der Sachs-Baltic-Rallye den ersten Platz im Gesamt-Klassement nach Hannover melden. Holger Bohne war dafür mit seinem Gruppe 2-Golf bei den Läufen zur Deutschen Rallye-Meisterschaft unterwegs. Man lernte rasch: Bald wurden die motormäßig unterlegenen Fahrzeuge, die nun etwa 170 PS leisteten, auch von der Konkurrenz gefürchtet. Zwar konnte die Leistung des 1,6-Liters in den nächsten Jahren nur noch unwesentlich gesteigert werden – fünf bis zehn PS dürften noch dazugekommen sein –, dafür wurde der Rallye-Golf aber immer leichter und seine Fahrwerksqualitäten immer besser.

Das mußten 1980 auch etliche Favoriten bei der Rallye Monte-Carlo akzeptieren, bei der Per Eklund den von Pierburg gesponserten und von Eckert Berg (Osker PS) getunten »Pierburg-Golf« auf den fünften Platz im Gesamtklassement fuhr. Im Rahmen der Deutschen Rallye-Meisterschaft wurde dann noch ein Golf-Rallye-Pokal ausgeschrieben, den das Dachauer Team Alfons Stock/Paul Schmuck gewinnen konnte.

Die beiden hatten gut geübt: 1981 holten sie für die Wolfsburger die Deutsche Rallye-Meisterschaft. Ihr Gruppe 2-»Rheila-Golf« leistete zwar nur 175 PS, doch Alfons Stock konnte damit umgehen. Er hatte seine Karriere 1978 als Bayerischer Rallye-Meister begonnen, war 1979 Deutscher Vizemeister und 1980 nicht nur Sieger des Golf-Rallye-Pokals, sondern auch siebter im Gesamtklassement geworden. Das war ein schöner Erfolg für die

Der Schwede Per Eklund fuhr 1980 den »Pierburg«-Golf, dessen 180 PS für einen fünften Platz im Gesamtklassement der »Rallye Monte-Carlo« ausreichten. Hier der Wagen bei der »Hundsrück-Rallye«.

11
Motorsport
PIERBURG

VW-Marketingexperten, die sich auch rasch bemühten, mit großen Anzeigen den ersten und den dritten Platz durch Friedhelm Kissel und Mathias Berg zu verbreiten. Ihr Slogan: »Der GOLF – für Alltag, Freizeit, Wettbewerb«. Zweiter wurde übrigens das Team Manfred Hero und Klaus Hopfe, die mit einem leistungsmäßig überlegenen Porsche 911 zu den zehn Läufen angetreten waren. Der Sieg über so einen »Goliath« erfreute alle GTI-Fahrer natürlich besonders.

Die Technik des Siegerwagens offenbarte, daß man auch mit relativ wenig Pferdestärken – sofern sie nur standfest genug waren – und der Wagen reparaturfreundlich war, ziemlich problemlos Deutscher Rallye-Meister werden konnte. Der Vierzylinder-Reihenmotor, den »Oskar« Eckhard Berg auf 175 PS getunt hatte (aus den serienmäßigen 1598 cm^3), war praktisch nicht kaputtzufahren – nur einmal, nachdem Alfons Stock bei der Metz-Rallye die Ölwanne beschädigt hatte, blockierte der Motor. Der Rest der Technik war ebenfalls – für heutige Verhältnisse – ziemlich schlicht: Eine obenliegende Nockenwelle und zwei Ventile pro Zylinder brachten – mit etwas Feinarbeit bei Pierburg – bei einer Verdichtung von 11:1 die bereits erwähnten 175 PS und ein maximales Drehmoment von 190 Nm. Die hatten es dann mit den 800 Kilogramm relativ einfach. Damit die Räder auf schlüpfrigem Untergrund nicht so rasch durchdrehten, gab es ein Lamellen-Sperrdifferential, für die entsprechende sinnvolle Leistungsabstufung sorgte ein Fünfgang-Getriebe, das natürlich den verschiedenen Rallies angepaßt war – und eine einfache Fichtel & Sachs Einscheiben-Sintermetall-Kupplung genügte in jenen Tagen ebenfalls noch zur Kraftübertragung.

Vier Scheibenbremsen sorgten für die Verzögerung und ein ausgeklügeltes Fahrwerk für die Bodenhaftung: die Bilstein-Federbeine mit Höhenverstellung, Querlenker- und Federbeinabstützung, dazu ein verstellbarer Stabilisator und progressive Schraubenfedern hatten dem »Rheila-Golf« erfolgreich Straßenmanieren beigebracht.

Es war ein erfolgreiches Jahr für die mittlerweile in »Volkswagen Motorsport e. V.« umgetaufte VW-Sportabteilung – und man begann auch damit, sich mit der Entwicklung eines Gruppe 4-Rallye-Golfs mit einem Vierventiler-Kopf (von Oettinger) zu beschäftigen. Parallel dazu lief noch ein anderes Projekt, das allerdings nicht über einen fertiggebauten Prototyp hinauskam: Es wurde ein Jetta mit zwei Motoren (je einer in der Front- und in der Heckpartie) fertiggestellt, der jedoch niemals zum sportlichen Einsatz kam.

1982 war der 16-Ventiler dann fertig – die »autozeitung« (8/82) testete den neuen Wagen des amtierenden Deutschen Rallye-Meisters Stock und kam zu folgenden Meßergebnissen:

Nach 6,7 Sekunden hatte der etwa 820 Kilogramm schwere Wagen die 100 km/h-Grenze durcheilt und nach 11,4 Sekunden lagen 140 km/h an. Die Höchstgeschwindigkeit hing natürlich von der gewählten Übersetzung ab – zwischen 180 und 220 km/h waren problemlos möglich. Weitere Daten offenbarten, daß der etwa 80000 Mark teure Rallye-Wagen ein kompromißloses Renngefährt war: Die maximale Leistung von 197 PS (aus noch immer 1,6 Liter Hubraum) wurde bei 8300/min erreicht, kurzfristig war der Motor sogar bis 9600/min belastbar. Der Preis eines kompletten Triebwerks: Etwa 25000 Mark. Bei der Bereifung konnte – je nach Untergrund – zwischen den Größen 135/95 bis 225/50×15 gewählt werden. VW-Motorsport-Chef Peter Rosorius setzte im gleichen Jahr zwei Teams ein: Rallye-Meister Stock und Friedhelm Kissel – den Erfolg des Vorjahres konnten sie allerdings nicht wiederholen. Dazu kam noch ein Internationaler VW Golf-Pokal, bei dem identische Golfs – mit etwa 150 PS Leistung – bei zehn verschiedenen Rennen um das Preisgeld kämpften. Der Sieger war in diesem Jahr der Gaimershei-

1981 wurde das Team Stock/Schmuck deutscher Rallye-Meister – der »Rheila« Gruppe 2-Golf leistete etwa 175 PS. Zwar hatte die Konkurrenz teilweise deutlich mehr PS, aber die Dachauer konnten mit ihrem Golf besser umgehen.

Der Internationale VW-Golf-Pokal wurde 1982 zum letzten Mal ausgetragen. Hier führt der Duisburger Peter John vor dem Gaimersheimer Alfons Hohenester, der im Jahr zuvor den Pokal gewonnen hatte.

Mit 1,8 Liter Hubraum und 195 PS: Der Schwede Kalle Grundel und sein deutscher Beifahrer Klaus Hopfe wurden 1983 Vize-Meister der Deutschen Rallye-Meisterschaft – sie gewannen bei allen zehn Starts die Klasse (Gruppe A) souverän.

mer Alfons Hohenester, der mit 162 Punkten zum zweiten Mal hintereinander den Golf-Pokal errang.

Er beendete damit eine Serie, die nicht mehr überboten werden kann, denn 1983 wurde dieser Wettbewerb dann eingestellt. Zweiter wurde 1982 übrigens Hans-Friedrich Peil (137 Punkte) vor Reinhold Mölig (97 Punkte).

Obwohl der Golf für den Breitensport das richtige Modell war – Rosorius: »Immerhin war dieser Wagen bei der Rallye Monte-Carlo das meistgefahrene Modell« – zeigte die beginnende Überlegenheit des Audi Quattro, daß für Gesamtsiege in der Zukunft der Allradantrieb unerläßlich sein würde. Einmal mehr wurde also in Hannover ein Wagen mit zwei Motoren gebaut – diesmal war es ein Scirocco, dessen zwei Triebwerke immerhin 360 PS auf den Boden brachten.

1985 hatte ein Golf GTI mit der gleichen Technik Weltpremiere und zwar beim traditionellen Pikes Peak-Bergrennen im amerikanischen Bundesstaat Colorado. Dort konnte der Hamburger Jochi Kleint am Steuer der Neukonstruktion einen vielbestaun-

Auf dem Weg zum über 4000 Meter hohen Pikes Peak im amerikanischen Bundesstaat Colorado: Der Hamburger Jochi Kleint erreichte im Golf Twin-Jet einen dritten Platz im Gesamt-Klassement.

ten dritten Platz belegen (erste wurde Michele Mouton auf Audi Quattro).

Der von Volkswagen Motorsport in Hannover hergerichtete Golf GTI brachte mit seinen beiden 1,8-Liter-Triebwerken auf jeder Achse 195 PS auf die Straße, insgesamt also 390. Damit ist »Twin« der stärkste Golf, der bislang auf die Straßen rollte.

1983 standen dem Golf GTI 1,8 Liter Hubraum zur Verfügung und ein neuer Fahrer, der Schwede Kalle Grundel, beherrschte zusammen mit seinem Beifahrer Klaus Hopfe die Läufe zur Deutschen Rallye-Meisterschaft: Er wurde Vize-Meister, obwohl er alle zehn Starts als Sieger seiner Klasse beendet hatte (Gruppe A) – war am Ende der Saison Weber/Wanger auf einem Opel Ascona Deutscher Rallye-Meister, da das Reglement die Gesamtsieger bevorzugte. Aber der zweite Platz war für den etwa 170 PS starken Golf auch nicht schlecht.

Als Ersatz für den eingestellten Golf-Cup wurde ein Polo-Pokal in zehn Rennen ausgetragen, dafür waren aber noch etliche Golf GTI, denen mittlerweile von den Spitzen-Tunern bis zu 215 PS zur Verfügung gestellt wurden, bei kleineren Rundstrecken- und Bergrennen zu sehen, wo sie stets zu den Siegern in ihren Kategorien zählten.

Im Jahr darauf wagten sich die Wolfsburger mit ihrem ausgereiften Golf GTI 1800 einmal mehr zu den Läufen der Rallye-Weltmeisterschaft, wo der etwa 170 PS starke Wagen hervorragende Plazierungen erreichte: Bei der Rallye Monte-Carlo kam das Team Kalle Grundel und Peter Diekmann auf den zweiten Platz in der Gruppe A und einen neunten Rang im Gesamtklassement. Bei der Portugal-Rallye wurden die Plätze Eins (Gruppe A) und Sieben (Gesamtklassement) erkämpft. Die Rallye Korsika brachte einen zweiten Platz in der Gruppe A und einen Rang 13 im Gesamtklassement, während die Rallye Akropolis ein etwas merkwürdiges Ende fand: Hier fiel der GTI aus, nachdem der Ersatzteil-Service-Wagen gestohlen worden war, und der Wagen nicht mehr repariert werden konnte. Bei der 1000 Seen-Rallye in Finnland wurde der Einsatz mit einem Totalschaden vorzeitig beendet, dafür gab es bei der Rallye San Remo das beste Ergebnis des Jahres 1984: Klassensieg in der Gruppe A und einen sechsten Platz im Gesamtklassement. Bei der britischen RAC gab es dafür durch einen Unfall wieder einen Ausfall. Damit war der GTI das beste Fahrzeug bei den Großserienwagen (Gruppe A), und er hielt sich auch unter den hochkarätigen, verkappten Rennwagen ganz hervorragend.

Beim Golf-Rallye-Pokal, der bei den Läufen zur deutschen Rallye-Meisterschaft mitausgefahren wurde, errang Friedhelm Kissel zum zweiten Mal innerhalb von drei Jahren den Gesamtsieg, gefolgt von den Teams Brauer/Haase und Mayer/Stock.

Damit hatte sich der Golf GTI 1800 2, der mit einem Kaufpreis von etwa 65 000 Mark zu den Billig-Angeboten gezählt werden darf, auf Anhieb eindrucksvoll in Szene gesetzt – kein Wunder, daß er bei den Privatfahrern zu den beliebtesten Fahrzeugen überhaupt gehört.

In den Jahren 85 und 86 hatten dann die Stars der Gruppe B ihre großen Auftritte – der Sport-Quattro, der Peugeot 205 T 16, der Lancia Delta S 4, der Ford RS 200, alles Fahrzeuge, von denen nur 200 Exemplare gebaut werden mußten. Und mit denen der Golf trotz aller Standhaftigkeit schon leistungsmäßig nicht mithalten konnte – was waren schon 165 PS gegen 500 PS?

Dennoch: Der Kampf von David gegen Goliath war immer wieder ein Thema für die Fans und für die Presse – und die vielen vierten, fünften und sechsten Plätze im Gesamtklassement sorgten für viel Sympathie.

1986 wurde dann eine Fahrer-Weltmeisterschaft für die seriennahen Fahrzeuge der Gruppe A (mindestens 5000 gebaute Exemplare in zwölf aufeinanderfolgenden Monaten) eingerichtet. VW hatte sich auf diesen Titel gut vorbereitet: Der Schwede Kenneth Eriksson mit seinem deutschen Beifahrer Peter Dieckmann und der Österreicher Franz Wittman mit seinem ebenfalls deutschen Beifahrer Matthias Fels pilotierten den nun rund 165 PS starken Golf GTI – und vom ersten Lauf an wurde es klar, daß die VW Motorsport in der Lage war, bei der Vergabe des Titels ein gewichtiges Wort mitzusprechen. Bei der Rallye Monte Carlo wurde Eriksson (trotz eines Überschlags) Zweiter in seiner Kategorie, dann folgte ein Divisionssieg nach dem anderen.

Bei der 1000 Seen-Rallye in Finnland bekamen die beiden Werkspiloten dann das, wovon Rallye-Fahrer immer träumen: mehr Leistung. Der GTI 16 V war in 5000 Exemplaren gebaut worden und damit als Gruppe A-Fahrzeug homologiert. Die Leistung wuchs auf 195 standfeste PS – wichtiger war aber noch der deutlich bessere Verlauf der Drehmomentkurve, die nun ein noch zügigeres Beschleunigen ermöglichte.

Golf GTI 16 V – einmal als Serien-Version mit 139 PS und einmal in der Rallye-Ausführung mit 195 PS Leistung.

Am Ende des Jahres war Eriksson dann der erste Fahrer-Weltmeister der Gruppe A – ein stolzer Erfolg der Wolfsburger und ihrer Hannoveraner Dependance.

1987 wurde das Leben wieder schwerer: Die Gruppe A-Modelle fuhren nun auch um die Marken-Weltmeisterschaft, da die Gruppe B-Geschosse kurzfristig verboten worden waren. Und das hieß, daß nun auch Firmen wie Lancia, Peugeot, Mazda oder Toyota zu direkten Konkurrenten wurden – und bei den Langstrecken-Rallyies kam auch noch der Audi 200 quattro, der dann auch prompt bei der East African Safari einen Doppelsieg holte.

Im Klartext: Nun war auch bei der Gruppe A der Allradantrieb gefragt – und Lancia ließ es sich nicht nehmen, mit dem Delta Integrale ein reinrassiges Rennauto auf die Räder zu stellen (das zwar 5000mal verkauft werden mußte), mit dem man nach Belieben dominierte.

Klappte es nun bei den Läufen zur Weltmeisterschaft nicht mehr so perfekt, so wurden bei der Deutschen Rallye-Meisterschaft – mit Jochi Kleint am Steuer – immerhin drei Läufe gewonnen. Daß es zur Meisterschaft nicht langte, lag an zwei Ausfällen wegen eines abgerissenen Pleuels und etlichem Ärger mit gerissenen Antriebswellen.

Aber man hat die Zeichen der Zeit längst erkannt: Natürlich wird auch in Hannover schon an einem »syncro«-GTI gearbeitet, der die Kraft über alle vier Räder auf den Boden bringt. Problemlose 210 PS stehen auch schon bereit – und bei der 1000 Seen-Rallye soll einmal mehr Premiere sein.

Noch schneller wird man dann später werden – wenn im Sommer 89 der GTI »G 60« mit G-Lader und Allrad-Antrieb in die Serienproduktion geht, wird es nicht mehr lange dauern, bis auch hier eine Rallye-Version bereit steht. Die Werks-Piloten dürfen sich schon auf rund 300 PS freuen.

Volkswagen – Scirocco 360/4

Prototyp auf Basis des Volkswagen-Scirocco GTI (1600 cm^3/110 PS). Ausgerüstet mit zwei Antriebseinheiten (Motor, Getriebe und Nebenaggregate), unabhängig voneinander oder auch gemeinsam zu betreiben. Wahlweise Front-, Heck- oder Allradantrieb.

	Technische Daten
Motor	
Motorleistung	
(bei 1/min in PS)	180/7200
Bohrung (∅ mm)	81,25
Hub (mm)	86,4
Hubraum (cm^3)	1791
Drehmoment	
(Nm bei 1/min)	200,9/5800, 20,5 mkp
Verdichtung	10,9
Zylinder	4
Total	8 Zylinder, 3582 cm^3 360 PS/264 kW, 41 mkp/402 Nm
Gemischaufbereitung	2×Sporteinspritzung
Synchronisation	Elektronische Synchronisation der Motordrehzahlen und der Drosselklappenstellungen beider Gemischbildner. Die Kraftverteilung auf die Antriebsachsen ist vom Fahrer regelbar
Getriebe	VW-Rennsport 2,5/1,79/1,42/1,17/1,03 Achsantrieb 4,22 Lamellensperrdifferentiale vorn und hinten

	Technische Daten
Kupplung	2×hydraulisch betätigt, servounterstützt Einscheiben/Sintermetall
Bremsanlage	4 Scheiben (260 ∅), innenbelüftet vorn und hinten 4 Kolben-Leichtmetall-Sättel servounterstützt, hydraulische Handbremse Bremskraftverteilung regelbar
Fahrwerk	Vorn und hinten Einzelradaufhängung mit Federbein und Querlenker Gasdruckstoßdämpfer, höhenverstellbar Stabilisator vorn und hinten
Räder	7 J×15 mit 205/50 VR 15
Tank (Liter)	60
Maße	
Länge (mm)	4050
Breite (mm)	1690
Höhe (mm)	1290
Spur (mm)	1451
Radstand (mm)	2397
Gewicht	
Gesamt (kg)	1160 (betriebsbereit ohne Kraftstoff)
Achslast (kg)	
vorn	610
hinten	550
Fahrleistungen	
Beschleunigung	
0–100 km/h (s)	4,6
0–180 km/h (s)	14,1
Höchstgeschw. (theoret.)	
(km/h)	290

Ganz in weiß: Dieses Sondermodell wurde im Frühjahr 1983 zum Sonderpreis angeboten. Serienmäßig waren zusätzliche Halogen-Scheinwerfer. Die Stoßfänger, Kotflügelverbreiterungen und von innen verstellbaren Außenspiegel waren in der Wagenfarbe lackiert (das Foto zeigt ein Vorserienmodell, hier sind die Stoßfänger noch nicht durchgehend lackiert). Die Pirelli-Breitreifen der Größe 185/60 HR 14 waren auf Pirelli-LM-Felgen montiert. Im Preis inbegriffen waren ein Leder-Lenkrad und eine grüne Colorverglasung.

In 2000 Exemplaren montiert: Der Oettinger 16 Ventilmotor wurde in Frankreich über das VAG-Vertriebsnetz vertrieben – es war dies ein erster Test, inwieweit die Kundschaft einen so starken Motor im Golf akzeptieren würde.

Es gibt unzählige Firmen, die in den vergangenen Jahren den Golf formal umgestaltet haben. Hier zwei Schweizer Unternehmen mit ihren Golf-Kreationen: »Bubble Car« von Edgar Schwyn und darunter eine Alternative von Sbarro.

Für den Golf 1 wie auch für das Nachfolgemodell bietet Kamei ein reichhaltiges Anbauprogramm an. Zum X1-Kamei-Grundbausatz zählen der Frontspoiler, Kotflügelverbreiterungen und Seitenschürzen. – Unten der Twin Scirocco.

Ein GTI mit zwei Hinterachsen, den die Schweizer Firma Uffler herstellt.

GTI-Werbung auf französisch: »Le lapin« ist der Hase – und mit diesem Maskottchen wird der »rabbit« im englischsprachigen Sprachraum bis heute verkauft. Eine originelle Werbung, die leider nie in Deutschland gezeigt wurde.

Der von vielen Firmen angebotene Kühlergrill mit Doppel-Scheinwerfern ist seit 1985 serienmäßig.

Twin-Golf

Prototyp auf Basis des Volkswagen-Golf GTI, ausgerüstet mit zwei Antriebseinheiten (Motor, Getriebe und Nebenaggregate), unabhängig voneinander oder auch gemeinsam zu betreiben. Wahlweise Front-, Heck- oder Allradantrieb.

Der Twin-Golf aus Hannover. Selbst in der Kompaktwagenklasse lassen sich zwei Motoren unterbringen. Hier das im Heck installierte Triebwerk.

TWIN-GOLF

	Technische Daten
Motor	
Motorleistung	
(bei 1/min in PS)	195/7500 (143 kW)
Bohrung (∅ mm)	81,25
Hub (mm)	86,4
Hubraum (cm^3)	1807
Drehmoment	
(Nm bei 1/min)	220/5800
Verdichtung	11
Zylinder	4
Total	8 Zylinder, 3614 cm^3, 390 PS/286 kW
Gemischaufbereitung	2×K-Jetronic
Getriebe	VW-Rennsport-Ausführung, zentral geschaltet 2,5/1,79/1,42/1,03 Achsantrieb 4,64 Lamellensperrdifferential vorn und hinten
Kupplung	2×hydraulisch betätigt und synchronisiert, servounterstützt Einscheiben/Sintermetall
Bremsanlage	4 Scheiben (280 ∅), innenbelüftet vorn und hinten 4 Kolben-Leichtmetall-Sättel servounterstützt, hydraulische Handbremse Bremskraftverteilung regelbar
Fahrwerk	Vorn und hinten Einzelradaufhängung mit Federbein und Querlenker, Gasdruckstoßdämpfer, höhenverstellbar Stabilisator hinten, einstellbar
Räder	7,75 J×15 mit 225/50 VR 15
Tank (Liter)	60
Maße	
Länge (mm)	3990
Breite (mm)	1730
Höhe (mm)	1420
Spur (mm)	1475
Radstand (mm)	2480
Gewicht	
Gesamt (kg)	1100 (betriebsbereit ohne Kraftstoff)
Fahrleistungen	
Beschleunigung	
0–100 km/h (s)	4,6
0–180 km/h (s)	14,1
Höchstgeschw. (km/h)	ca. 260

Die Idee, den Golf mit zwei Triebwerken zu beflügeln, hat sich nicht durchgesetzt.

Golf-Tuning

Mehrleistung nach Maß

Als 1974 der VW Golf mit zwei Motor-Leistungsstufen vorgestellt wurde und schon wenig später der GTI mit 110 PS zur Verfügung stand, schienen zumindest bei diesem Modell die Tuner arbeitslos zu werden. Hinzu kam, daß in jener Zeit erstmals der Kraftstoff erheblich teurer und knapper wurde. Und die verschärften Abgasgesetze waren für manchen Tuner eine unüberwindbare Hürde.

Inzwischen wissen wir, daß die Tuner trotz des interessanten Serien-Angebots genügend Lücken gefunden haben, um ihren speziellen Kundenkreis zufriedenstellend bedienen zu können.

Wurde in den Anfängen der Golf-Tunerei die Mehrleistung vornehmlich über eine schärfere Nokkenwelle erzielt, so ging man in den vergangenen Jahren verstärkt den Weg über eine Hubraumvergrößerung.

Heute gehört es zum Standardangebot der Tuner, die Bohrung der Zylinder und die Kröpfung der Kurbelwelle zu verändern, um auf diese Weise den Hubraum bis auf knapp 2 Liter erhöhen zu können.

Ein größerer Hubraum bedingt fast zwangsläufig auch größere Ein- und Auslaßquerschnitte, so daß eine Bearbeitung des Zylinderkopfes zur Aufnahme größerer Ventile fast unumgänglich ist. Und schließlich ist eine Nockenwelle mit anderen Steuerzeiten immer noch ein probates Mittel, die Leistung zu steigern. Voraussetzung ist natürlich, daß ein auf diese Art getunter Motor die Abgasvorschriften erfüllt.

Neben diesen herkömmlichen Tuning-Maßnahmen bieten einige Firmen auch die Aufladung des Motors mittels Abgas-Turbolader an oder sie besorgen die bessere Beatmung über einen 16-Ventil-Zylinderkopf.

Mehr Leistung zu jedem Preis ist allerdings von den Kunden nicht immer gefragt, denn schließlich steht der GTI mit seiner 1,8-Liter-Maschine – ganz zu schweigen vom 16-Ventiler – schon von Haus aus, recht gut im Futter. Der Tuning-Kunde weiß, daß ein individuell hergerichtetes Fahrzeug seinen Preis hat. Er akzeptiert es jedoch nicht, daß ein mit hohen Kosten präparierter Motor nur mit geringer Lebensdauer oder stark verminderter Alltagstauglichkeit aufwartet.

Die angegebenen Preise gelten in der Regel für das Modelljahr 1985. Sie sind natürlich nicht bindend und sollen in erster Linie die Größenordnung deutlich machen, mit welchen Kosten der Kunde für das betreffende Tuningpaket rechnen muß.

Durchweg geben die Tuner heute eine Garantie

auf ihre Arbeiten von 10000 Kilometer oder einem Jahr. Außerdem garantieren sie in der Regel, daß eine TÜV-Abnahme problemlos möglich ist. Dennoch sollte sich der Kunde vor Auftragserteilung den Zahlungsmodus, die Garantie und die problemlose TÜV-Abnahme zusichern lassen.

Neben der reinen Motor-Leistungssteigerung beschäftigen sich auch etliche Tuner mit dem Verfeinern des Fahrwerks. Die Arbeiten erstrecken sich hierbei vornehmlich auf das Tieferlegen der Karosserie und einer strafferen Abstimmung von Dämpfern und Federn. Darüberhinaus werden natürlich auch die verschiedensten Stabilisatoren und eine Unmenge von Breitreifen mit entsprechenden Felgen-Kombinationen angeboten. In den letzten Jahren zeigt sich auch ein verstärkter Trend zum aufwendigen Zubehör. Gefragt sind vornehmlich Spoiler, Kotflügelverbreiterungen, anders geformte Kühlergrills und Innenausstattungen in mannigfaltiger Art. Den Kosten jedenfalls sind nach oben keine Grenzen gesetzt. Und so ist es keine Seltenheit, daß ein individuell hergerichteter Golf problemlos bis zu 50000 Mark teuer werden kann.

Welche Maßnahmen sinnvoll sind und ob das Preis-/Leistungsverhältnis stimmt, muß der Kunde für sich selbst entscheiden.

Die in diesem Buch aufgeführten Tuner bieten eine breite Auswahl an Möglichkeiten zur individuellen Umgestaltung des eigenen Golf GTI.

Von den Autoren angeschrieben wurden alle Tuner, die sich über einen längeren Zeitraum mit dem Tunen des Golf GTI beschäftigt haben. Einige davon scheinen jedoch des Schreibens nicht kundig zu sein. Denn von 41 angeschriebenen Firmen haben nur 14 den zugesandten Fragebogen ausgefüllt zurückgeschickt.

Abt

Der Chef des Hauses fühlt sich auch heute noch dem Motorsport persönlich verbunden, da er schon 1952 aktiv an Rennen teilnahm. 1964 spezialisierte sich Abt darauf DKW schneller zu machen. Inzwischen ist Abt V.A.G-Händler und hat in seiner Tuning-Abteilung rund 25 Mitarbeiter beschäftigt, die neben Kundenfahrzeugen auch firmeneigene Autos für den Motorsport präparieren.

ABT-TUNING: 130 PS

	Ausgangsbasis	Nach dem Umbau
Motor		
Motorleistung (bei 1/min in PS)	112/5800	130/6000
Bohrung (∅ mm)	81	81
Hub (mm)	86,4	86,4
Hubraum (cm³)	1780	1800
Drehmoment (Nm bei 1/min)	155/3500	165/4500
Verdichtung	10,0	10,8
Einspritzanlage/Typ	K-Jetronic	K-Jetronic
Vergaser/Typ	–	–
Zylinderkopf	Serie 1,8 l	E+A Kanäle bearbeitet
Ventile (∅ mm)		
Einlaß	40	40
Auslaß	33	33
Nockenwelle (Fabrikat)	VW-G-Serie	Serie
Steuerzeiten	EÖ 6° vor OT	″
	ES 49° nach UT	″
	AÖ 45° vor UT	″
	AS 8° nach OT	″
Ventilfedern	Serie	″
Saugrohr	″	Serie (bearbeitet)
Luftfilter	″	Serie
Kolben (Fabrikat)	″	Abt
Kurbelwelle (Fabrikat)	″	Serie
Pleuel	″	″
Motorschmierung	″	″
Motorkühlung	″	″
Zündung	″	″
Zündeinstellung	″	″
Zündspule	″	″
Zündanlage	″	″
Verteiler	″	″
Zündkerzen	225-T 30	Wärmewert 260 NGK BP 8 ES
Schalldämpferanlage (Fabrikat)	Serie VW 1,8 l	Gillet Power Sound

ABT-TUNING: 163 PS

	Ausgangsbasis	Nach dem Umbau
Motor		
Motorleistung (bei 1/min in PS)	110/6100	163/5800
Bohrung (∅ mm)	79,5	79,5
Hub (mm)	80,0	86,4
Hubraum (cm³)	1588	1800
Drehmoment (Nm bei 1/min)	140/5000	210/3100
Verdichtung	9,5	8,01 Ladedruck 0,7 bar
Einspritzanlage/Typ	K-Jetronic	K-Jetronic mit Abgasturbolader und Ladeluftkühler
Vergaser/Typ	–	–
Zylinderkopf	–	bearbeitet
Ventile (∅ mm)		
Einlaß	38	40
Auslaß	31	35
Nockenwelle (Fabrikat)	Serie	G-Nockenwelle
Steuerzeiten	–	–
Ventilfedern	Serie	Serie
Saugrohr	″	bearbeitet
Luftfilter	″	Serie
Kolben (Fabrikat)	″	Abt-Muldenkolben
Kurbelwelle (Fabrikat)	VW 80 mm Hub	1,7 l Kurbelwelle
Pleuel	Serie	Serie
Motorschmierung	″	″
Motorkühlung	″	″
Zündung	″	″
Zündeinstellung	″	35° vor OT bei 3500/min ohne Unterdruck
Zündspule	″	Serie
Zündanlage	″	″
Verteiler	″	″
Zündkerzen	225-T 30 Bosch	Wärmewert 310
Schalldämpferanlage (Fabrikat)	VW Serie	Abt Turbo

ABT-TUNING: 140 PS

	Ausgangsbasis	Nach dem Umbau
Motor		
Motorleistung		
(bei 1/min in PS)	110/6100	140/6200
Bohrung (∅ mm)	79,5	79,5
Hub (mm)	80,0	86,4
Hubraum (cm^3)	1588	1800
Drehmoment		
(Nm bei 1/min)	140/5000	178/5000
Verdichtung	9,5	10,5
Einspritzanlage/Typ	K-Jetronic	K-Jetronic
Vergaser/Typ	–	–
Zylinderkopf	–	bearbeitet
Ventile (∅ mm)		
Einlaß	38	40
Auslaß	31	35
Nockenwelle (Fabrikat)	–	G-Nockenwelle
Steuerzeiten	EÖ 6° vor OT	–
	ES 49° nach UT	–
	AÖ 45° vor UT	–
	AS 8° nach OT	–
Ventilfedern	Serie	Serie
Saugrohr	"	bearbeitet
Luftfilter	"	Serie
Kolben (Fabrikat)	"	Muldenkolben
Kurbelwelle (Fabrikat)	VW 80 mm Hub	1,7 l Kurbelwelle
Pleuel	Serie	Serie
Motorschmierung	"	"
Motorkühlung	"	"
Zündung	"	"
Zündeinstellung	"	25° vor OT bei 3000/min ohne Unterdruck
Zündspule	"	Serie
Zündanlage	"	"
Verteiler	"	"
Zündkerzen	225-T 30 Bosch	Wärmewert 260
Schalldämpferanlage (Fabrikat)	VW Serie	Gillet Power Sound

ABT-TUNING: 150 PS

	Ausgangsbasis	Nach dem Umbau
Motor		
Motorleistung		
(bei 1/min in PS)	112/5800	150/6000
Bohrung (∅ mm)	81	83
Hub (mm)	86,4	86,4
Hubraum (cm^3)	1780	1900
Drehmoment		
(Nm bei 1/min)	155/3500	184/4700
Verdichtung	10,0	10,8
Einspritzanlage/Typ	K-Jetronic	K-Jetronic
Vergaser/Typ	–	–
Zylinderkopf	Serie 1,8 l	E+A Kanäle bearbeitet
Ventile (∅ mm)		
Einlaß	40	40
Auslaß	33	33
Nockenwelle (Fabrikat)	VW-G-Serie	–
Steuerzeiten	EÖ 6° vor OT	296°
	ES 49° nach UT	
	AÖ 45° vor UT	
	AS 8° nach OT	
Ventilfedern	Serie	Serie
Saugrohr	"	Saugrohr
Luftfilter	"	Serie
Kolben (Fabrikat)	"	Abt
Kurbelwelle (Fabrikat)	"	Serie
Pleuel	"	"
Motorschmierung	"	"
Motorkühlung	"	"
Zündung	"	"
Zündeinstellung	"	"
Zündspule	"	"
Zündanlage	"	"
Verteiler	"	"
Zündkerzen	225-T 30	Wärmewert 260
Schalldämpferanlage (Fabrikat)	Serie VW	Gillet Power Sound oder Abt Spezial

ABT-TUNING: 158 PS

	Ausgangsbasis	Nach dem Umbau
Motor		
Motorleistung		
(bei 1/min in PS)	112/5800	158/6200
Bohrung (∅ mm)	81	84
Hub (mm)	86,4	86,4
Hubraum (cm^3)	1780	2000
Drehmoment		
(Nm bei 1/min)	155/3500	192/4700
Verdichtung	10,0	11,0

	Ausgangsbasis	Nach dem Umbau
Einspritzanlage/Typ	K-Jetronic	K-Jetronic
Vergaser/Typ	–	–
Zylinderkopf	Serie 1,8 l	E+A Kanäle bearbeitet
Ventile (∅ mm)		
Einlaß	40	40
Auslaß	33	33
Nockenwelle (Fabrikat)	VW-G-Serie	–
Steuerzeiten	EÖ 6° vor OT ES 49° nach UT AÖ 45° vor UT AS 8° nach OT	296°

	Ausgangsbasis	Nach dem Umbau
Ventilfedern	Serie	Serie
Saugrohr	"	bearbeitet
Luftfilter	"	Serie
Kolben (Fabrikat)	"	Abt
Kurbelwelle (Fabrikat)	"	Serie
Pleuel	"	"
Motorschmierung	"	"
Motorkühlung	"	"
Zündung	"	"
Zündeinstellung	"	"
Zündspule	"	"
Zündanlage	"	"
Verteiler	"	"
Zündkerzen	225-T 30	Wärmewert 260
Schalldämpferanlage (Fabrikat)	Serie VW	Abt Spezial
Kraftübertragung		
Kupplung (mm ∅)	200	
Getriebe	5-Gang	
Übersetzung		
1. Gang	3,45	
2. Gang	2,12	
3. Gang	1,44	
4. Gang	1,13	
5. Gang	0,912	
R.-Gang	3,17	
Achse	3,89/3,47/3,67	
Reifen		
Fabrikat	Pirelli/Goodyear	
Größe	205/60 HR 13	
Felgen	6 J×13	
Einpreßtiefe (mm)	33	
Fahrwerk		
Stoßdämpferabstimmung (Fabrikat)	Bilstein oder Koni in Abt-Abstimmung	
Federn (Fabrikat)	Abt	
Stabilisator		
vorn (mm)	20	
hinten	Serie	
Spurverbreiterung	keine	
Fahrzeug tiefergelegt um (mm)	bis 40	

	Ausgangsbasis			Nach dem Umbau	
Lenkung					
Änderungen	keine				
Fahrleistungen	130 PS	140 PS	150 PS	158 PS	163 PS
0 auf 100 km/h (s)	7,9	7,5	7,2	7,0	6,8
Höchstgeschw. (km/h)	198	202	206	208	210
Preise					
Motor-Umbau (Einbau 638.– DM)	3716.–	6703.–	6036.–	7866.–	12426.–
Motor neu	–				
Fahrwerk	von 932.– bis 2302.– DM				
Innenausstattung	bestehend aus: 2 Abt-Vordersitzen mit Kopfstützen; Einbau-Konsole; Rücksitzbank; Türverkleidung; Hutablage; alles ist wie Vordersitze bezogen; erhältlich von Velours bis Leder Preis: auf Anfrage 1 Decorsteifen 1 Abt-Tachometer bis 260 km/h im AT 210.– DM 1 Sportlenkrad von Kamei, Indianapolis und Abt-Cockpit-Instrumente (auf Wunsch)				
Außenausstattung	Abt-7-Zoll-Fahrwerk Gruppe II Bausatz bestehend aus: 4 Räder-Ronal 3teilig 7×13; 4 Reifen 205/60×13; 2 Abt-Federbeine vorne; 2 Abt-Stoßdämpfer hinten; 1 Stabilisator verstärkt; 1 Querstrebe vorne unten; 1 Querstrebe hinten; 1 Querstrebe vorne oben; 1 Satz Abt-Kotflügelverbreiterungen; 1 Satz Fahrwerksgummi; Lackierungen in Serien-Wagenfarbe; Montage und TÜV-Abnahme; 1 Abt-Frontspoiler und auf Wunsch Abt-Seitenleisten und Sonderlackierung; Komplettpreis: 8892.– DM				

Firmenanschrift	Fa. Auto-Abt Oberwanger Straße 16, 8960 Kempten
Firmenkatalog	ja

Dennert

Nachdem Edgar Dennert 10 Jahre das Tuning-Geschäft bei Nothelle intensiv mitgestaltet hatte, machte er sich 1978 selbständig. Die komplette Dennert-Mannschaft ist drei Mann stark, so daß der Chef mitunter auch in der Werkstatt noch persönlich Hand anlegen muß. Dennoch ist Dennert zufrieden, zumal die Kunden aus der ganzen Bundesrepublik den Weg in seinen kleinen Betrieb finden.

DENNERT-MOTORSPORT-TUNING: 130 PS

	Ausgangsbasis	Nach dem Umbau
Motor		
Motorleistung (bei 1/min in PS)	110/6100	130/6000
Bohrung (∅ mm)	79,5	79,5
Hub (mm)	80,0	86,4
Hubraum (cm^3)	1588	1714
Drehmoment (Nm bei 1/min)	140/5000	169/5000
Verdichtung	9,5	10,0
Einspritzanlage/Typ	K-Jetronic	K-Jetronic
Vergaser/Typ	–	–
Zylinderkopf	–	Kanäle bearbeitet
Ventile (∅ mm)		
Einlaß	38	40
Auslaß	31	35
Nockenwelle (Fabrikat)	Serie	VW-G-Serie
Steuerzeiten	EÖ 6° vor OT ES 49° nach UT AÖ 45° vor UT AS 8° nach OT	–
Ventilfedern	Serie	Serie
Saugrohr	"	"
Luftfilter	"	"
Kolben (Fabrikat)	"	Mahle oder KS Serien-Übermaßkolben geändert
Kurbelwelle (Fabrikat)	VW 80 mm Hub	VW 86,4 mm Hub
Pleuel	Serie	Serie
Motorschmierung	"	"
Motorkühlung	"	"
Zündung	"	"
Zündeinstellung	"	"
Zündspule	"	"
Zündanlage	"	"
Verteiler	"	"
Zündkerzen	225-T 30 Bosch	Bosch W 4 CS (260 S2S)
Schalldämpferanlage (Fabrikat)	Serie VW	wahlweise VW-Serie oder Gillet, Schrick SR 1

	Ausgangsbasis	Nach dem Umbau
Kraftübertragung		
Kupplung (mm ∅)	Serie, auf Wunsch verstärkt	
Getriebe	Serie	
Übersetzung		
1. Gang	3,45	
2. Gang	2,12	
3. Gang	1,44	
4. Gang	1,13	
5. Gang	0,912	
R.-Gang	–	
Achse	3,9	
Reifen		
Fabrikat	nach Kundenwunsch bevorzugt Pirelli, Goodyear NCT	
Größe	175/70-13 / 185/60-14	
Felgen	6×13 bzw. 6×14	
Einpreßtiefe (mm)	33	
Fahrwerk		
Stoßdämpferabstimmung (Fabrikat)	Bilstein eigene Abstimmung noch sehr komfortabel	
Federn (Fabrikat)	eigene	
Stabilisator (Fabrikat)	eigene	
vorn (mm)	20 wahlweise	
hinten (mm)	23 wahlweise	
Spurverbreiterung	keine	
Fahrzeug tiefergelegt um (mm)	ca. 25	
Lenkung	Serie	
Änderungen	keine	
Fahrleistungen		
0 auf 100 km/h (s)	je nach Bereifung, im Mittel 8,4	
Höchstgeschw. (km/h)	195	
Preise		
Motor-Umbau	bei Motoren bis 20000 km DM 4085.– darüber ca. + DM 700.–	
Motor neu	Altteil muß angeliefert werden	
Fahrwerk	DM 1171.–	

DENNERT-MOTORSPORT-TUNING: 134 PS

	Ausgangsbasis	Nach dem Umbau
Motor		
Motorleistung		
(bei 1/min in PS)	112/5800	134/5900
Bohrung (∅ mm)	81	81
Hub (mm)	86,4	86,4
Hubraum (cm^3)	1780	1780
Drehmoment		
(Nm bei 1/min)	155/3500	163/3500 / 173/5000
Verdichtung	10,0	10,2
Einspritzanlage/Typ	K-Jetronic	K-Jetronic modifiziert
Vergaser/Typ	–	–
Zylinderkopf	Serie 1,8 l	Kanäle und Ventile bearbeitet
Ventile (∅ mm)		
Einlaß	40	40
Auslaß	33	33
Nockenwelle (Fabrikat)	VW-G-Serie	Schrick
Steuerzeiten	EÖ 6° vor OT ES 49° nach UT AÖ 45° vor UT AS 8° nach OT	272° 11 mm Hub
Ventilfedern	Serie	Serie
Saugrohr	"	"
Luftfilter	"	"
Kolben (Fabrikat)	"	"
Kurbelwelle (Fabrikat)	"	"
Pleuel	"	"
Motorschmierung	"	"
Motorkühlung	"	"
Zündung	"	Serie Bosch kontaktlos
Zündeinstellung	"	32° vor OT 5500/min ohne Unterdruck
Zündspule	"	Serie
Zündanlage	"	"
Verteiler	"	"
Zündkerzen	225-T 30	Bosch W 4 CS (260 S2S)
Schalldämpferanlage (Fabrikat)	Serie VW 1,8 l	Schrick SR 1

Innenausstattung	Nach Kundenwunsch in Leder oder Velour Fa. Recaro / ASS / König Radio nach Kundenwunsch
Außenaustattung	siehe oben

	Ausgangsbasis	Nach dem Umbau
Kraftübertragung		
Kupplung (mm ∅)	Serie, auf Wunsch verstärkt	
Getriebe	Serie	
Übersetzung		
1. Gang	3,45	
2. Gang	2,12	
3. Gang	1,44	
4. Gang	1,13	
5. Gang	0,912	
R.-Gang	–	
Achse	3,7	
Reifen		
Fabrikat	nach Kundenwunsch bevorzugt Pirelli, Good Year NCT	
Größe	175/70-13 / 185/60-14	
Felgen/Größe	6×13 bzw. 6×14	
Einpreßtiefe (mm)	33	
Fahrwerk		
Stoßdämpferabstimmung (Fabrikat)	Bilstein eigene Abstimmung noch sehr komfortabel	
Federn (Fabrikat)	eigene	
Stabilisator (Fabrikat)	eigene	
vorn (mm)	20 wahlweise	
hinten (mm)	23 wahlweise	
Spurverbreiterung	keine	
Fahrzeug tiefergelegt um (mm)	ca. 25	
Lenkung	Serie	
Änderungen	keine	
Fahrleistungen		
0 auf 100 km/h (s)	7,9	
Höchstgeschw. (km/h)	202	
Preise		
Motor-Umbau	DM 3067.–	
Motor neu	noch nicht im Programm	
Fahrwerk	DM 1171.–	

Firmenanschrift	Motorsport Dennert Winkelstraße 32, 4100 Duisburg 1 Telefon (02 03) 33 27 58
Firmenkatalog	ja

Gemballa

Aus kleinsten Anfängen hat sich die Firma Gemballa aus Leonberg zu einer bekannten und anerkannten Auto-Ausstattungsfirma entwickelt. Das Personal versteht es, auch die kompliziertesten Interieurwünsche fachgerecht umzusetzen. Selbst die individuellsten Kundenwünsche werden von der Leonberger Firma entgegengenommen und realisiert. Voraussetzung ist allerdings, daß der Kunde gut bei Kasse ist.

GEMBALLA-TUNING

Innenausstattung	Teilleder-/Vollederausstattung sowie Velours-Ausstattungen in sämtlichen Farbvarianten Einbau von Sportsitzen / Recaro Integration von Hifi-Stereo-Anlagen Sonderwünsche nach Absprache
Außenausstattung	Effektlackierungen Anbau von Spoiler-Einheiten Fahrwerksänderungen Bereifungs-/Felgen-Fragen Sonderwünsche nach Absprache
Firmenanschrift	Fa. Gemballa Automobilinterieur GmbH Böblinger Straße 11, 7250 Leonberg
Firmenkatalog	ja (gegen Kostenbeteiligung)

Hartmann

Als der Kraftfahrzeugmeister Jörg Hartmann merkte, daß bei seiner Tankstelle der Umsatz rapide abnahm, machte er sein Hobby zu seinem Hauptberuf. Seit 1974 gibt es in Stuttgart offiziell die Firma Hartmann-Tuning, die sich verstärkt damit beschäftigt, dem Tassenstößelmotor mehr PS zu entlocken.

HARTMANN-MOTORSPORT-TUNING: 136/145 PS

	Ausgangsbasis	Nach dem Umbau
Motor		Umbau I (Umbau II)
Motorleistung (bei 1/min in PS)	112/5800	136 (145)
Bohrung (∅ mm)	81	81,0
Hub (mm)	86,4	86,4
Hubraum (cm³)	1780	1780
Drehmoment (Nm bei 1/min)	155/3500	163/3500 (165/3500) 173/4500 (174/5000–5500)
Verdichtung	10,0	Serie
Einspritzanlage/Typ	K-Jetronic	Serie angepaßt
Vergaser/Typ	–	–
Zylinderkopf	Serie 1,8 l	Serie bearbeitet
Ventile (∅ mm)		Serie
Einlaß	40	40 bearbeitet
Auslaß	33	33 bearbeitet
Nockenwelle (Fabrikat)	VW G-Serie	Eigenbau
Steuerzeiten	EÖ 6° vor OT ES 49° nach UT AÖ 45° vor UT AS 8° nach OT	
Ventilfedern	Serie	Serie
Saugrohr	"	Serie bearbeitet
Luftfilter	"	Serie
Kolben (Fabrikat)	"	"
Kurbelwelle (Fabrikat)	"	"
Pleuel	"	"
Motorschmierung	Serie	Serie
Motorkühlung	"	"
Zündung	"	"
Zündeinstellung	"	wird auf Prüfstand festgelegt
Zündspule	"	Serie
Zündanlage	"	"
Verteiler	"	"
Zündkerzen	225-T 30	Champion N 6 Y
Schalldämpferanlage (Fabrikat)	Serie VW 1,8 l	Eigenbau Fächerkrümmer Mittel- und Nachschalldämpfer
Kraftübertragung		
Kupplung	auf Wunsch verstärkte Druckplatte erleichterte Schwungmasse (gewuchtet)	
Übersetzung	Auf Wunsch verschiedene, individuell abgestimmte Übersetzungen	
Fahrwerk		
Stoßdämpferabstimmung (Fabrikat)	Koni	
Federn (Fabrikat)	nach eigenen Angaben gefertigt	
Fahrleistungen		
0 auf 100 km/h (s)	Wegen hohen Drehmoments und durchdrehender Räder kann kein realistischer Wert angegeben werden	
Höchstgeschw. (km/h)	Umbausatz I (Umbausatz II) 200 (208,5)	
Preise		
Motor-Umbau	DM 2650.– (auf Anfrage)	
Fahrwerk	DM 1200.– (DM 1200.–)	
Innenausstattung	Funktionelle Instrumente wie: Wassertemperaturanzeige, Öltemperaturanzeige, Öldruckanzeige usw.	
Firmenanschrift	Jörg Hartmann Motorsport, Weber-Vergaserdienst Am Bergwald 39B, 7000 Stuttgart 61 Telefon (0711) 421580	
Firmenkatalog	ja	

Kamei

Als der Käfer in seiner Blüte stand, gab es kaum einen Platz, den die Firma Kamei nicht mit ihren Accessoires belegte. Das Unternehmen ist mit dem Käfer groß geworden und liefert heute praktisch für jedes Automodell die verschiedensten Ausstattungsgegenstände. Auch für den Golf GTI hat Kamei ein umfangreiches Programm entwickelt.

KAMEI-TUNING-TEILE

Innenausstattung	Ca.-Endverbraucherpreise:	
	X1-Lederlenkrad, Farben schwarz, braun oder weiß, Art.-Nr. 36200	DM 270.–
	Nabe für VW-Golf (bis 7/81) Art.-Nr. 36230	DM 60.–
	Nabe für VW-Golf (ab 8/81) Art.-Nr. 36212	DM 60.–
	Ablagekonsole, Art.-Nr. 22288	DM 20.–
	Instrumentencockpit (für VW-Golf bis 7/80) Art.-Nr. 22262	DM 10.–
	Instrumentencockpit für Mittelkonsole (VW-Golf bis 7/80), Art.-Nr. 22263	DM 10.–
	Cassettenbox für Mittelkonsole (VW-Golf bis 7/80), Art.-Nr. 22305	DM 25.–
Firmenanschrift	KAMEI GmbH & Co. KG Postfach 3580, Bodenstedtstraße 4 6200 Wiesbaden	
Firmenkatalog	ja	

Außenausstattung	**Für KAMEI GOLF X1 (VW-Golf bis 7/83)**	
	Kotflügelverbreiterung mit Seitenschürzen und Frontspoiler, Art.-Nr. 44360	DM 710.–
	Frontgrill mit Rechteck-Doppelscheinwerfern Art.-Nr. 44003	DM 900.–
	Lufthaube, Art.-Nr. 44451	DM 35.–
	Heckspoiler mit integrierten Bremsleuchten Art.-Nr. 44423	DM 220.–
	Multi-Color Decor-Set, Farben rot, grau, blau, braun, grün, Art.-Nr. 49240	DM 100.–
	Sprint-Set, Farben schwarz, silber Art.-Nr. 49260	DM 150.–
	Für VW-Golf bis 7/83 (nicht GOLF X1)	
	Kotflügelverbreiterung mit Frontspoiler Art.-Nr. 44350	DM 380.–
	Seitenschürzen (nur in Verbindung mit Art.-Nr. 44350), Art-Nr. 44352	DM 170.–
	Frontspoiler, Art.-Nr. 44237	DM 80.–
	Heckspoiler, Art.-Nr. 44425	DM 130.–
	Heckspoiler mit integrierten Bremsleuchten Art.-Nr. 44423	DM 220.–
	Lufthaube, Art.-Nr. 44451	DM 35.–
	Windabweiser, Art.-Nr. 44155	DM 80.–
	Windsplit-Set, Art.-Nr. 44710	DM 100.–
	Schmutzabweiser, Art.-Nr. 44310	DM 40.–
	Decor-Set, Farben schwarz, weiß Art.-Nr. 49220	DM 70.–
	Decor-Set, dreifarbig, Art.-Nr. 49221	DM 90.–
	Decor-Set VW-Golf Heckklappe, schwarz Art.-Nr. 49245	DM 40.–

Knobloch

Das solide Fundament dieser Firma ist ein Bosch-Dienst. Allerdings werden schon seit 20 Jahren von den inzwischen 20 Mitarbeitern Fahrzeuge getunt. Angefangen hat man mit NSU-Modellen, jetzt sind es verstärkt die Wolfsburger Produkte. Spezialität des Betriebes sind hochverdichtete Motoren, die mit einem von Knobloch entwickelten Zündsystem arbeiten.

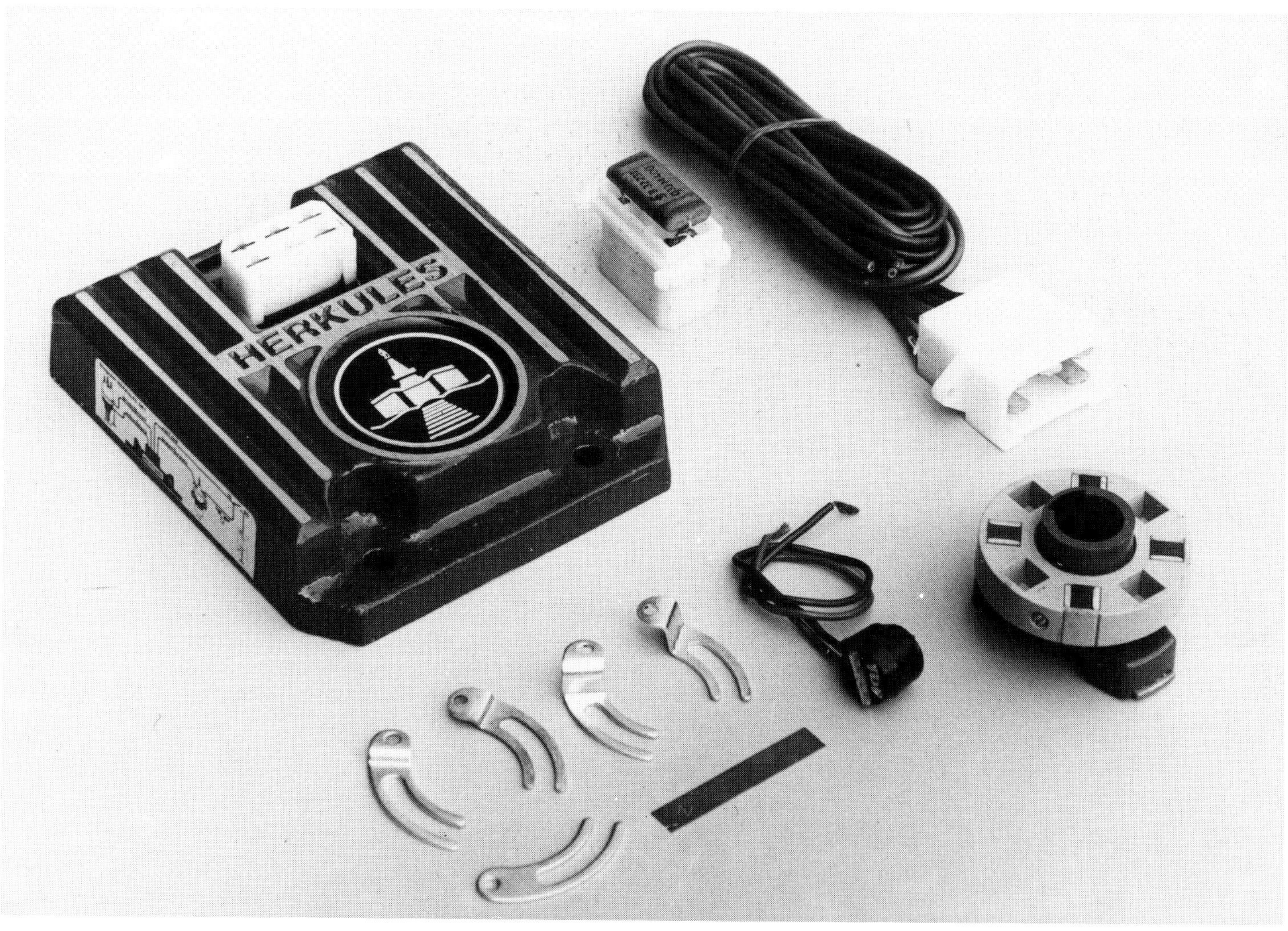

KNOBLOCH-TUNING: 135 PS

	Ausgangsbasis	Nach dem Umbau
Motor		
Motorleistung (bei 1/min in PS)	110/6100	135/6400
Bohrung (∅ mm)	79,5	Serie
Hub (mm)	80,0	〃
Hubraum (cm³)	1588	Serie 1,6
Drehmoment (Nm bei 1/min)	140/5000	152/5500
Verdichtung	9,5	10,0
Einspritzanlage/Typ	K-Jetronic	Serie
Vergaser/Typ	–	〃
Zylinderkopf	–	Kanäle bearbeitet
Ventile (∅ mm)		
Einlaß	38	38
Auslaß	31	32,5
Nockenwelle (Fabrikat)	–	Schrick
Steuerzeiten	EÖ 6° vor OT ES 49° nach UT AÖ 45° vor UT AS 8° nach OT	276°
Ventilfedern	Serie	verstärkt
Saugrohr	〃	bearbeitet
Luftfilter	〃	Serie
Kolben (Fabrikat)	〃	〃
Kurbelwelle (Fabrikat)	VW 80 mm Hub	〃
Pleuel	Serie	〃
Motorschmierung	〃	〃
Motorkühlung	〃	〃
Zündung	〃	Herkules kontaktlos
Zündeinstellung	〃	34°–36° bei 4500/min
Zündspule	〃	Bosch TZ-J
Zündanlage	〃	SK1 mit Drehzahlbegrenzer
Verteiler	〃	Bosch
Zündkerzen	225-T 30 Bosch	Bosch Platin W 5 DP
Schalldämpferanlage (Fabrikat)	Serie VW	Schrick

	Ausgangsbasis	Nach dem Umbau
Kraftübertragung	Serie	
Reifen	Serie	
Fahrwerk	Serie	
Fahrleistungen		
0 auf 100 km/h (s)	8,0	
Höchstgeschw. (km/h)	197	
Preise		
Motor-Umbau		
mit Prüfstand	DM 3800.–	
mit kontakloser Zündung	DM 4230.–	

Detailarbeit:
Strömungsgünstigeres Vergaseroberteil von Knobloch.

KNOBLOCH-TUNING: 140 PS

	Ausgangsbasis	Nach dem Umbau
Motor		
Motorleistung		
(bei 1/min in PS)	112/5800	140/6100
Bohrung (∅ mm)	81	Serie
Hub (mm)	86,4	〃
Hubraum (cm^3)	1780	〃
Drehmoment		
(Nm bei 1/min)	155/3500	170/5000
Verdichtung	10,0	10,5
Einspritzanlage/Typ	K-Jetronic	Serie
Vergaser/Typ	–	〃
Zylinderkopf	Serie 1,8 l	geändert
Ventile (∅ mm)		
Einlaß	40	40
Auslaß	33	33
Nockenwelle (Fabrikat)	VW G-Serie	Schrick
Steuerzeiten	EÖ 6° vor OT ES 49° nach UT AÖ 45° vor UT AS 8° nach OT	272°
Ventilfedern	Serie	verstärkt
Saugrohr	〃	bearbeitet
Luftfilter	〃	Serie
Kolben (Fabrikat)	〃	〃
Kurbelwelle (Fabrikat)	〃	〃
Pleuel	〃	〃
Motorschmierung	〃	〃
Motorkühlung	〃	〃
Zündung	〃	〃
Zündeinstellung	〃	34°–36° bei 4500/min
Zündspule	〃	Serie
Zündanlage	〃	〃
Verteiler	〃	〃
Zündkerzen	225-T 30	Bosch W 5 DP
Schalldämpferanlage		
(Fabrikat)	Serie VW	Schrick

	Ausgangsbasis	Nach dem Umbau
Kraftübertragung	Serie	
Reifen	Serie	
Fahrwerk	Serie	
Fahrleistungen		
0 auf 100 km/h (s)	7,9	
Höchstgeschw. (km/h)	über 200	
Preise		
Motor-Umbau	DM 3950.–	

KNOBLOCH-TUNING: GRUPPE-A-MOTOR

	Ausgangsbasis	Nach dem Umbau
Motor		
Motorleistung		
(bei 1/min in PS)	110/6100	ca. 160
Bohrung (∅ mm)	79,5	Serie
Hub (mm)	80,0	〃
Hubraum (cm^3)	1588	1,6
Drehmoment		
(Nm bei 1/min)	140/5000	–
Verdichtung	9,5	12,0
Einspritzanlage/Typ	K-Jetronic	Bosch geändert
Vergaser/Typ	–	–
Zylinderkopf	–	Nach Gr. A bearbeitet
Ventile (∅ mm)		
Einlaß	38	Serie bearbeitet
Auslaß	31	〃
Nockenwelle (Fabrikat)	–	300° Spreizung 108°
Steuerzeiten	EÖ 6° vor OT ES 49° nach UT AÖ 45° vor UT AS 8° nach OT	
Ventilfedern	Serie	verstärkt
Saugrohr	〃	bearbeitet
Luftfilter	〃	geändert
Kolben (Fabrikat)	〃	Rennkolben Mahle
Kurbelwelle (Fabrikat)	VW 80 mm Hub	Serie feingewuchtet
Pleuel	Serie	bearbeitet und gewogen
Motorschmierung	〃	verbessert andere Lagerschalen
Motorkühlung	〃	–
Zündung	〃	Herkules kontaktlos
Zündeinstellung	〃	36° bei 5000/min
Zündspule	〃	Bosch TZ-J
Zündanlage	〃	SK1 mit elektr. Begrenzung
Verteiler	〃	Bosch umgebaut
Zündkerzen	225-T 30 Bosch	Bosch Rennkerzen W 3
Schalldämpferanlage		
(Fabrikat)	Serie VW	Schrick oder Sprint

	Ausgangsbasis	Nach dem Umbau
Kraftübertragung		
Kupplung	Rennkupplung Sachs	
Reifen	Serie	
Fahrwerk	Serie	
Fahrleistungen		
Höchstgeschw. (km/h)	über 200	
Preise		
Motor-Umbau	DM 7320.–	
Außenausstattung	Gesamtes Fender-Programm	

Firmenanschrift	Knobloch+Sohn Werner-Hilpert-Straße 17 (Am Hauptbahnhof) 3500 Kassel Telefon (0561) 102966
Firmenkatalog	ja

Mahag

Mahag in München ist als V.A.G.-Händler dem Volkswagen-Tuning traditionell verbunden. Neben den üblichen Tuningstufen kann man bei Mahag seinen Golf GTI auch im Innenraum und an der Karosserie in jeder erdenklichen Art veredeln lassen.

MAHAG-TUNING: 1800 E

	Ausgangsbasis	Nach dem Umbau
Motor		
Motorleistung (bei 1/min in PS)	110/6100	125/5750
Bohrung (∅ mm)	79,5	79,5
Hub (mm)	80,0	90,5
Hubraum (cm^3)	1588	1796
Drehmoment (Nm bei 1/min)	140/5000	157/4600
Verdichtung	9,5	9,7
Einspritzanlage/Typ	K-Jetronic	Bosch-K-Jetronic
Vergaser/Typ	–	–
Zylinderkopf	Serie	bearbeitet
Ventile (∅ mm)		
Einlaß	38	38
Auslaß	31	34
Nockenwelle (Fabrikat)	Serie	Serie
Steuerzeiten	EÖ 4° vor OT ES 46° nach UT AÖ 44° vor UT AS 6° nach OT	Serie
Ventilfedern	Serie	Serie
Saugrohr	"	bearbeitet
Luftfilter	"	Serie
Kolben (Fabrikat)	"	Spezial-Muldenkolben
Kurbelwelle (Fabrikat)	VW 80 mm Hub	Chrom-Molybdänstahl-Kurbelwelle mit Gegengewichten (nitrierbehandelt)
Pleuel	Serie	Pleuel ausgewogen
Motorschmierung	"	Serie
Motorkühlung	"	"
Zündung	"	"
Zündeinstellung	OT	OT
Zündspule	Serie	Serie
Zündanlage	"	"
Verteiler	"	"
Zündkerzen	Bosch W 5 D, W 5 DC Champion N 6 Y	Champion N 2 G
Schalldämpferanlage (Fabrikat)	Serie	Abgaskrümmer bearbeitet und Serien-Hosenrohr, Vorschalldämpfer und Endschalldämpfer

	Ausgangsbasis	Nach dem Umbau
Kraftübertragung		
Kupplung	verstärkte Kupplungsdruckplatte und Mitnehmerscheibe	
Getriebe	Serie	
Übersetzung		
1. Gang	Serie	
2. Gang	"	
3. Gang	"	
4. Gang	"	
5. Gang	"	
R.-Gang	"	
Reifen		
Fabrikat	Sämtliche sich am Markt befindlichen Reifenfabrikate, die für den Golf GTI zulässig sind	
Größe	185/60 HR 13, 195/60 HR 14 195/50 VR 15, 205/60 VR 13	
Felgen	5½×13, 6×13, 6×14, 5½×15, 6×15	
Einpreßtiefe (mm)	33–35, 38	
Fahrwerk		
Stoßdämpferabstimmung (Fabrikat)	Bilstein-Fahrwerk, Koni-Fahrwerk, Fichtel+Sachs-Fahrwerk	
Federn (Fabrikat)	entsprechend zum Fahrwerk	
Stabilisator (Fabrikat)		
vorn	Serie	
hinten	Serie	
Spurverbreiterung	–	
Fahrzeug tiefergelegt um (mm)	25 (Fahrwerke siehe oben)	
Lenkung		
Änderungen	Serie	
Fahrleistungen		
0 auf 100 km/h (s)	ca. 8,0	
Höchstgeschw. (km/h)	ca. 190	
Preise		
Motor-Umbau	DM 5340.–	
Motor neu	entfällt	
Fahrwerk	nach Wunsch	

MAHAG-TUNING: GT/130

	Ausgangsbasis	Nach dem Umbau
Motor		
Motorleistung		
(bei 1/min in PS)	112/5800	130/6300
Bohrung (∅ mm)	81	81
Hub (mm)	86,4	86,4
Hubraum (cm^3)	1781	1781
Drehmoment		
(Nm bei 1/min)	153/3500	160/3500
Verdichtung	10,0	10,5
Einspritzanlage/Typ	K-Jetronic	Bosch-K-Jetronic modifiziert
Vergaser/Typ	–	–
Zylinderkopf	Serie 1,8 l	bearbeitet
Ventile (∅ mm)		
Einlaß	40	40
Auslaß	33	33
Nockenwelle (Fabrikat)	Serie	Spezial-Nockenwelle Mahag 278°
Steuerzeiten	EÖ 6° vor OT ES 49° nach UT AÖ 45° vor UT AS 8° nach OT	EÖ 45° vor OT ES 71° nach UT AÖ 71° vor UT AS 45° nach OT
Ventilfedern	Serie	Serie
Saugrohr	"	modifiziert
Luftfilter	"	Serie
Kolben (Fabrikat)	"	"
Kurbelwelle (Fabrikat)	"	"
Pleuel	"	"
Motorschmierung	"	"
Motorkühlung	"	"
Zündung	"	"
Zündeinstellung	6° vor OT	6° vor OT
Zündspule	Serie	Serie
Zündanlage	"	"
Verteiler	"	"
Zündkerzen	Bosch W 5 D Champion N 6 Y	Champion N 2 G
Schalldämpferanlage (Fabrikat)	Serie	Fächerkrümmer und Serien-Vorschall- und Nachschalldämpfer

	Ausgangsbasis	Nach dem Umbau
Kraftübertragung	Serie	
Reifen		
Fabrikat	Sämtliche sich am Markt befindlichen Reifenfabrikate, die für den Golf GTI zulässig sind	
Größe	185/60 HR 13, 195/60 HR 14 195/50 VR 15, 205/60 VR 13	
Felgen	5½×13, 6×13, 6×14, 5½×15, 6×15	
Einpreßtiefe (mm)	33–35, 38	
Fahrwerk		
Stoßdämpferabstimmung (Fabrikat)	Bilstein-Fahrwerk, Koni-Fahrwerk, Fichtel+Sachs-Fahrwerk	
Federn (Fabrikat)	entsprechend zum Fahrwerk	
Stabilisator (Fabrikat)		
vorn	Serie	
hinten	Serie	
Spurverbreiterung	–	
Fahrzeug tiefergelegt um (mm)	25 (Fahrwerke siehe oben)	
Lenkung		
Änderungen	Serie	
Fahrleistungen		
0 auf 100 km/h (s)	ca. 8,0	
Höchstgeschw. (km/h)	ca. 195	
Preise		
Motor-Umbau	DM 3330.– inkl. TÜV	
Motor neu	entfällt	
Fahrwerk	z.B.: Bilstein-Komplettfahrwerk – BTS 171 – DM 1665.– inkl. Montage und MWSt.	

Firmenanschrift	Mahag-Tuning Münchener Automobil-Handel Haberl GmbH + Co. KG Schleibingerstraße 12–16, 8000 München 80
Firmenkatalog	ja

MAHAG-TUNING: 2000 E

	Ausgangsbasis	Nach dem Umbau
Motor		
Motorleistung (bei 1/min in PS)	112/5800	136/5600
Bohrung (∅ mm)	81	82
Hub (mm)	86,4	94,5
Hubraum (cm³)	1781	1972
Drehmoment (Nm bei 1/min)	153/3500	180/4500
Verdichtung	10	10
Einspritzanlage/Typ	K-Jetronic (Serie)	Bosch-K-Jetronic modifiziert
Vergaser/Typ	–	–
Zylinderkopf	Serie	bearbeitet
Ventile (∅ mm)		
Einlaß	40	40
Auslaß	33	34
Nockenwelle (Fabrikat)	Serie	Serie
Steuerzeiten	EÖ 6° vor OT ES 49° nach UT AÖ 45° vor UT AS 8° nach OT	EÖ 6° vor OT ES 49° nach UT AÖ 45° vor UT AS 8° nach OT
Ventilfedern	Serie	Serie
Saugrohr	"	bearbeitet
Luftfilter	"	Serie
Kolben (Fabrikat)	"	Spezialkolben
Kurbelwelle (Fabrikat)	"	Chrom-Molybdänstahl-Kurbelwelle mit angeschmiedeten Gegengewichten (nitrierbehandelt)
Pleuel	"	Pleuel ausgewogen
Motorschmierung	"	Serie
Motorkühlung	"	"
Zündung	"	"
Zündeinstellung	6° vor OT	OT
Zündspule	Serie	Serie
Zündanlage	"	"
Verteiler	"	Spezialverteiler
Zündkerzen	Bosch W 5 D Champion N 6 Y	Champion N 2 G

	Ausgangsbasis	Nach dem Umbau
Schalldämpferanlage (Fabrikat)	Serie	Abgaskrümmer bearbeitet und Serien-Hosenrohr, Vorschalldämpfer und Endschalldämpfer
Kraftübertragung		
Kupplung	verstärkte Kupplungsdruckplatte und Mitnehmerscheibe	
Getriebe	Geänderter Achsantrieb 3,32:1; 3,48:1 oder 4,22:1 (Preis ca. DM 1425.– inkl. MWSt.)	
Übersetzung	Serie	
Reifen		
Fabrikat	Sämtliche sich am Markt befindlichen Reifenfabrikate, die für den Golf GTI zulässig sind	
Größe	185/60 HR 13, 195/60 HR 14 195/50 VR 15, 205/60 VR 13	
Felgen	5½×13, 6×13, 6×14, 5½×15, 6×15	
Einpreßtiefe (mm)	33–35, 38	
Fahrwerk		
Stoßdämpferabstimmung (Fabrikat)	Bilstein-Fahrwerk, Koni-Fahrwerk, Fichtel+Sachs-Fahrwerk	
Federn (Fabrikat)	entsprechend zum Fahrwerk	
Stabilisator (Fabrikat)		
vorn	Serie	
hinten	Serie	
Spurverbreiterung	–	
Fahrzeug tiefergelegt um (mm)	25 (Fahrwerke siehe oben)	
Lenkung		
Änderungen	Serie	
Fahrleistungen		
0 auf 100 km/h (s)	ca. 7,4	
Höchstgeschw. (km/h)	ca. 198	
Preise		
Motor-Umbau	DM 8245.–	
Motor neu	entfällt	
Fahrwerk	z. B.: Koni-Komplettfahrwerk ca. DM 1800.– inkl. Montage	

MAHAG-TUNING: 1800 E/16

	Ausgangsbasis	Nach dem Umbau
Motor		
Motorleistung (bei 1/min in PS)	112/5800	142/6100
Bohrung (∅ mm)	81	81
Hub (mm)	86,4	86,4
Hubraum (cm³)	1781	1781
Drehmoment (Nm bei 1/min)	153/3500	168/5000
Verdichtung	10,0	10,2
Einspritzanlage/Typ	K-Jetronic (Serie)	Bosch-K-Jetronic modifiziert
Vergaser/Typ	–	–
Zylinderkopf	Serie	Sechzehnventil-Zylinderkopf
Ventile (∅ mm)		
Einlaß	40	30 (2× pro Zylinder)
Auslaß	33	27 (2× pro Zylinder)
Nockenwelle (Fabrikat)	Serie	2 obenliegende Nockenwellen
Steuerzeiten	EÖ 6° vor OT ES 49° nach UT AÖ 45° vor UT AS 8° nach OT	–
Ventilfedern	Serie	Spezialventilfedern
Saugrohr	"	spezielles Ansaugrohr
Luftfilter	"	Serie
Kolben (Fabrikat)	"	gegossene Muldenkolben mit Ventiltaschen
Kurbelwelle (Fabrikat)	"	Serie
Pleuel	"	Pleuel ausgewogen
Motorschmierung	"	Druckumlaufschmierung mit Leichtmetallölwanne und Ölhobel
Motorkühlung	"	Wasserkühlung mit geänderter Führung der Kühlflüssigkeit
Zündung	"	Serie
Zündeinstellung	6° vor OT	6° vor OT
Zündspule	Serie	Serie
Zündanlage	"	"
Verteiler	"	Spezialverteiler
Zündkerzen	Bosch W 5 D Champion N 6 Y	Champion G-63

	Ausgangsbasis	Nach dem Umbau
Schalldämpferanlage		
(Fabrikat)	Serie	Spezial-Auspuffkrümmer und Serien-Hosenrohr, Vorschalldämpfer und Endschalldämpfer
Kraftübertragung		
Kupplung	verstärkte Kupplungsdruckplatte und Mitnehmerscheibe	
Getriebe	Serie	
Übersetzung	Serie	
Reifen		
Fabrikat	Sämtliche sich am Markt befindlichen Reifenfabrikate, die für den Golf GTI zulässig sind	
Größe	185/60 HR 13, 195/60 HR 14 195/50 VR 15, 205/60 VR 13	
Felgen	5½×13, 6×13, 6×14, 5½×15, 6×15	
Einpreßtiefe (mm)	33–35, 38	
Fahrwerk		
Stoßdämpferabstimmung (Fabrikat)	Bilstein-Fahrwerk, Koni-Fahrwerk, Fichtel+Sachs-Fahrwerk	
Federn (Fabrikat)	entsprechend zum Fahrwerk	
Stabilisator (Fabrikat)		
vorn	Serie	
hinten	Serie	
Spurverbreiterung	–	
Fahrzeug tiefergelegt um (mm)	25 (Fahrwerke siehe oben)	
Lenkung		
Änderungen	Serie	
Fahrleistungen		
0 auf 100 km/h (s)	ca. 7,5	
Höchstgeschw. (km/h)	ca. 200	
Preise		
Motor-Umbau	DM 11180.–	
Motor neu	entfällt	
Fahrwerk	z.B.: Fichtel+Sachs-Komplettfahrwerk (Gasdruck) ca. DM 1775.– inkl. Montage	

MAHAG-TUNING: 2000 E/16

	Ausgangsbasis	Nach dem Umbau
Motor		
Motorleistung (bei 1/min in PS)	112/5800	150/6100
Bohrung (∅ mm)	81,0	81,5
Hub (mm)	86,4	94,5
Hubraum (cm^3)	1781	1972
Drehmoment (Nm bei 1/min)	153/3500	183/5100
Verdichtung	10	10
Einspritzanlage/Typ	K-Jetronic (Serie)	Bosch-K-Jetronic modifiziert
Vergaser/Typ	–	–
Zylinderkopf	Serie	Sechzehnventil-Zylinderkopf
Ventile (∅ mm)		
Einlaß	40	30 (2× pro Zylinder)
Auslaß	33	27 (2× pro Zylinder)
Nockenwelle (Fabrikat)	Serie	2 obenliegende Nockenwellen
Steuerzeiten	EÖ 6° vor OT ES 49° nach UT AÖ 45° vor UT AS 8° nach OT	–
Ventilfedern	Serie	Spezialventilfedern
Saugrohr	"	spezielles Ansaugrohr
Luftfilter	"	Serie
Kolben (Fabrikat)	"	gegossene Muldenkolben mit Ventiltaschen
Kurbelwelle (Fabrikat)	"	Chrom-Molybdänstahl-Kurbelwelle mit angeschmiedeten Gegengewichten (Oetttinger)
Pleuel	"	Pleuel ausgewogen
Motorschmierung	"	Druckumlaufschmierung mit Leichtmetallölwanne und Ölhobel
Motorkühlung	"	Wasserkühlung mit geänderter Führung der Kühlflüssigkeit
Zündung	"	Serie
Zündeinstellung	6° vor OT	OT
Zündspule	Serie	Serie
Zündanlage	"	"
Verteiler	"	Spezialverteiler
Zündkerzen	Bosch W 5 D Champion N 6 Y	Champion G-63
Schalldämpferanlage (Fabrikat)	Serie	Spezial-Auspuffkrümmer und Serien-Hosenrohr, Vorschalldämpfer und Endschalldämpfer

	Ausgangsbasis	Nach dem Umbau
Kraftübertragung		
Kupplung	verstärkte Kupplungsdruckplatte und Mitnehmerscheibe	
Getriebe	Geänderter Achsantrieb bei 5-Gang: 3,48:1; 4-Gang: 3,32:1	
Übersetzung	Serie	
Reifen		
Fabrikat	Sämtliche sich am Markt befindlichen Reifenfabrikate, die für den Golf GTI zulässig sind	
Größe	185/60 HR 13, 195/60 HR 14 195/50 VR 15, 205/60 VR 13	
Felgen	5½×13, 6×13, 6×14, 5½×15, 6×15	
Einpreßtiefe (mm)	33–35, 38	
Fahrwerk		
Stoßdämpferabstimmung (Fabrikat)	Bilstein-Fahrwerk, Koni-Fahrwerk Fichtel+Sachs-Fahrwerk	
Federn (Fabrikat)	kürzere Fahrwerksfedern vorne	
Stabilisator (Fabrikat)		
vorn	Serie	
hinten	Serie	
Spurverbreiterung	–	
Fahrzeug tiefergelegt um (mm)	25 (Fahrwerke siehe oben)	
Lenkung		
Änderungen	Serie	
Fahrleistungen		
0 auf 100 km/h (s)	ca. 6,9	
Höchstgeschw. (km/h)	ca. 204	
Preise		
Motor-Umbau	DM 17442.–	
Motor neu	entfällt	
Fahrwerk	im Motorumbau beinhaltet	
Innenausstattung	Komplette Velour- oder Lederausstattung (mit Seitenverkleidungen, Armaturenbrett, Mittelkonsole, 2 Sitze, Rücksitzbank und Hutablage) Sportsitze der Firmen ASS und Recaro (zwischen DM 1200.– und DM 2000.–) Stoffbezug z.B.: Komplette Lederausstattung (2 Seriensitze, Rücksitzbank mit Hutablage, 4 Seitenverkleidungen) ca. DM 4800.– Mittelkonsle und Armaturenbrett mit Leder beziehen ca. DM 1900.–	
Außenausstattung	Sämtliche sich am Markt befindlichen Verbreiterungsteile und Felgen z.B.: Verbreiterung ab ca. DM 1000.– (inkl. Montage und Lack) Felgen ab ca. DM 200.–	

Max Moritz

Der in Reutlingen ansässige V.A.G.-Händler darf für sich in Anspruch nehmen, der Erste gewesen zu sein, der einen Golf mit Hilfe von Spoilern und anderen Kunststoff-Applikationen optisch aufwertete und auch den Fahrwerksverbesserungen besondere Aufmerksamkeit schenkte. Das Gespür für sinnvolles Motor-Tuning erwarben sich die Max Moritz-Mitarbeiter unter anderem auch durch ihr Engagement im Rennsport mit Porsche-Sportwagen.

MAX MORITZ-TUNING: 135 PS

	Ausgangsbasis	Nach dem Umbau
Motor		
Motorleistung		
(bei 1/min in PS)	110/6100	135/6100
Bohrung (∅ mm)	79,5	79,5
Hub (mm)	80	80
Hubraum (cm^3)	1600	1600
Drehmoment		
(Nm bei 1/min)	140/5000	165/5200
Verdichtung	9,5	7,5
Einspritzanlage/Typ	K-Jetronic	Serie Warmluftregler geändert modifiziert
Vergaser/Typ	–	–
Zylinderkopf	Serie	Serie
Ventile (∅ mm)		
Einlaß	38	Serie
Auslaß	31	Serie
Nockenwelle (Fabrikat)	Serie	"
Steuerzeiten	E 4° vor OT A 44° vor OT	"
Ventilfedern	Serie	"
Saugrohr	"	"
Luftfilter	"	"
Kolben (Fabrikat)	Serie, Schmid Mahle	Mahle mit Brennraumänderung
Kurbelwelle (Fabrikat)	Serie	Serie
Pleuel	"	"
Motorschmierung	"	"
Motorkühlung	Öl-/Wasserkühlung	Größerer Ölkühler und zusätzliches elektrisches Gebläse
Zündung	Serie	Serie
Zündeinstellung	0°	0°
Zündspule	Bosch	Bosch
Zündanlage	Serie	Serie
Verteiler	"	"
Zündkerzen	"	Champion N 2 G / 250
Schalldämpferanlage		
(Fabrikat)	Serie	MM-Hosenrohr und Krümmer, Powersound Gillet Endrohr

	Ausgangsbasis	Nach dem Umbau
Kraftübertragung		
Kupplung	verstärkt	
Getriebe	Serie	
Reifen		
Fabrikat	Serie	
Größe	175 HR 13	
Felgen	6 J×13	
Einpreßtiefe (mm)	45	
Fahrwerk		
Stoßdämpferabstimmung		
(Fabrikat)	Bilstein-Sport mit MM-Abstimmung	
Federn (Fabrikat)	Bilstein	
Stabilisator (Fabrikat)		
vorn	Serie	
hinten	Serie	
Spurverbreiterung	–	
Fahrzeug tiefergelegt um		
(mm)	20	
Lenkung		
Änderungen	keine	
Fahrleistungen		
0 auf 100 km/h (s)	8,9	
Höchstgeschw. (km/h)	198	
Preise		
Motor-Umbau	DM 6550.–	
Motor neu	–	
Fahrwerk	DM 1350.–	
Innenausstattung	Alle Kundenwünsche nach individueller Beratung und Vereinbarung	
Außenausstattung	Sämtliche Programme: BBS, Kamei etc.	

Firmenanschrift	Max Moritz GmbH, VW/Audi-Händler Karlstraße 97/ Max-Planck-Straße 7410 Reutlingen 1
Firmenkatalog	ja

Nothelle

Seit rund 15 Jahren ist Nothelle im Tuning-Geschäft. Neben dem Schnellermachen von Motoren widmet sich das Unternehmen auch der Aufbereitung des Fahrwerks. Um sich von der Güte der überarbeiteten Fahrzeuge selbst zu überzeugen, nimmt der 15 Mann starke Betrieb ständig an Motorsportveranstaltungen teil.

NOTHELLE-TUNING: 125 PS

	Ausgangsbasis	Nach dem Umbau
Motor		
Motorleistung (bei 1/min in PS)	112/5800	125/6000
Bohrung (∅ mm)	81	81
Hub (mm)	86,4	86,4
Hubraum (cm^3)	1780	1781
Drehmoment (Nm bei 1/min)	155/3500	160
Verdichtung	10,0	9,7
Einspritzanlage/Typ	K-Jetronic	Serie
Vergaser/Typ	–	–
Zylinderkopf	Serie 1,8 l	–
Ventile (∅ mm)		
Einlaß	40	Serie
Auslaß	33	Serie
Nockenwelle (Fabrikat)	VW G-Serie	Nothelle HS
Steuerzeiten	EÖ 6° vor OT ES 49° nach UT AÖ 45° vor UT AS 8° nach OT	280°/11,80 mm Hub
Ventilfedern	Serie	Serie
Saugrohr	"	"
Luftfilter	"	"
Kolben (Fabrikat)	"	"
Kurbelwelle (Fabrikat)	"	"
Pleuel	"	"
Motorschmierung	"	"
Motorkühlung	"	"
Zündung	"	"
Zündeinstellung	"	"
Zündspule	"	"
Zündanlage	"	"
Verteiler	"	"
Zündkerzen	225-T 30	"
Schalldämpferanlage (Fabrikat)	Serie VW	Hove Header 4-1

NOTHELLE-TUNING: 130 PS

	Ausgangsbasis	Nach dem Umbau
Motor		
Motorleistung (bei 1/min in PS)	110/6100	130/5800
Bohrung (∅ mm)	79,5	82,5
Hub (mm)	80,0	86,4
Hubraum (cm^3)	1588	1845
Drehmoment (Nm bei 1/min)	140/5000	172/4800
Verdichtung	9,5	9,5
Einspritzanlage/Typ	K-Jetronic	K-Jetronic
Vergaser/Typ	–	–
Zylinderkopf	Serie	Serie
Ventile (∅ mm)		
Einlaß	38	Serie
Auslaß	31	"
Nockenwelle (Fabrikat)	Serie	"
Steuerzeiten	EÖ 6° vor OT ES 49° nach UT AÖ 45° vor UT AS 8° nach OT	"
Ventilfedern	Serie	"
Saugrohr	"	bearbeitet
Luftfilter	"	Serie
Kolben (Fabrikat)	"	Nothelle
Kurbelwelle (Fabrikat)	VW 80 mm Hub	Nothelle
Pleuel	Serie	Serie
Motorschmierung	"	"
Motorkühlung	"	"
Zündung	"	"
Zündeinstellung	"	34° vor OT 5500/min
Zündspule	"	Serie
Zündanlage	"	"
Verteiler	"	"
Zündkerzen	225-T 30 Bosch	"
Schalldämpferanlage (Fabrikat)	Serie VW	"

NOTHELLE-TUNING: 148 PS

	Ausgangsbasis	Nach dem Umbau
Motor		
Motorleistung		
(bei 1/min in PS)	110/6100	148/6200
Bohrung (∅ mm)	79,5	82,5
Hub (mm)	80,0	86,4
Hubraum (cm^3)	1588	1845
Drehmoment		
(Nm bei 1/min)	140/5000	182/5300
Verdichtung	9,5	9,5
Einspritzanlage/Typ	K-Jetronic	K-Jetronic angepaßt
Vergaser/Typ	–	–
Zylinderkopf	Serie	Serie
Ventile (∅ mm)		
Einlaß	38	40,5
Auslaß	31	36
Nockenwelle (Fabrikat)	Serie	Nothelle
Steuerzeiten	EÖ 6° vor OT ES 49° nach UT AÖ 45° vor UT AS 8° nach OT	280°/11,8 mm Hub
Ventilfedern	Serie	Nothelle
Saugrohr	"	bearbeitet
Luftfilter	"	Serie
Kolben (Fabrikat)	"	Nothelle
Kurbelwelle (Fabrikat)	VW 80 mm Hub	Nothelle
Pleuel	Serie	Serie
Motorschmierung	"	angepaßt
Motorkühlung	"	Serie
Zündung	"	33° vor OT 5500/min
Zündeinstellung	"	Serie
Zündspule	"	"
Zündanlage	"	"
Verteiler	"	"
Zündkerzen	225-T 30 Bosch	260 S2S
Schalldämpferanlage (Fabrikat)	Serie VW	Hove Header 4–1 Schalldämpfer Serie
Firmenanschrift	Fa. Rolf Nothelle Cäcilienstraße 10–12, 4330 Mülheim/Ruhr Telefon (0208) 422078	
Firmenkatalog	ja	

NOTHELLE-TUNING: 160 PS

	Ausgangsbasis	Nach dem Umbau
Motor		
Motorleistung		
(bei 1/min in PS)	112/5800	160/6200
Bohrung (∅ mm)	81	83
Hub (mm)	86,4	86,4
Hubraum (cm^3)	1780	1870
Drehmoment		
(Nm bei 1/min)	155/3500	192/–
Verdichtung	10	10
Einspritzanlage/Typ	K-Jetronic	K-Jetronic angepaßt
Vergaser/Typ	–	–
Zylinderkopf	Serie 1,8 l	Serie
Ventile (∅ mm)		
Einlaß	40	40,5
Auslaß	33	36
Nockenwelle (Fabrikat)	VW G-Serie	Nothelle HS
Steuerzeiten	EÖ 6° vor OT ES 49° nach UT AÖ 45° vor UT AS 8° nach OT	286°/11,8 mm Hub
Ventilfedern	Serie	Nothelle
Saugrohr	"	bearbeitet
Luftfilter	"	Serie
Kolben (Fabrikat)	"	Nothelle
Kurbelwelle (Fabrikat)	"	Nothelle
Pleuel	"	bearbeitet
Motorschmierung	"	überarbeitet
Motorkühlung	"	Serie
Zündung	"	"
Zündeinstellung	"	30° vor OT 5500/min
Zündspule	"	"
Zündanlage	"	"
Verteiler	"	"
Zündkerzen	225-T 30	280 S2S
Schalldämpferanlage (Fabrikat)	Serie VW	Hove Header 4–1 Nothelle Schalldämpfer

NOTHELLE-TUNING: 140 PS

	Ausgangsbasis	Nach dem Umbau
Motor		
Motorleistung (bei 1/min in PS)	110/6100	140/6200
Bohrung (∅ mm)	79,5	82,5
Hub (mm)	80,0	86,4
Hubraum (cm^3)	1588	1845
Drehmoment (Nm bei 1/min)	140/5000	180/5300
Verdichtung	9,5	9,5
Einspritzanlage/Typ	K-Jetronic	K-Jetronic angepaßt
Vergaser/Typ	–	–
Zylinderkopf	Serie	Serie
Ventile (∅ mm)		
Einlaß	38	40,5
Auslaß	31	36
Nockenwelle (Fabrikat)	Serie	Nothelle HS
Steuerzeiten	EÖ 6° vor OT ES 49° nach UT AÖ 45° vor UT AS 8° nach OT	280°/11,8 mm Hub
Ventilfedern	Serie	Nothelle
Saugrohr	"	bearbeitet
Luftfilter	"	Serie
Kolben (Fabrikat)	"	Nothelle
Kurbelwelle (Fabrikat)	VW 80 mm Hub	Nothelle
Pleuel	Serie	Serie
Motorschmierung	"	angepaßt
Motorkühlung	"	Serie
Zündung	"	"
Zündeinstellung	"	33° vor OT 5500/min
Zündspule	"	Serie
Zündanlage	"	"
Verteiler	"	"
Zündkerzen	225-T 30 Bosch	260 S2S
Schalldämpferanlage (Fabrikat)	Serie VW	Serie
Kraftübertragung		
Kupplung	ab 130 PS verstärkt	
Getriebe	Basis 1,61	Basis 1,81

	Ausgangsbasis	Nach dem Umbau
Übersetzung		
1. Gang	3,45	3,45
2. Gang	2,12	2,12
3. Gang	1,44	1,44
4. Gang	1,13	1,13
5. Gang	0,91	0,91
Differential	3,9	3,65
Reifen		
Fabrikat	Dunlop D4/D3, Goodyear NCT, Pirelli	
Größe	195/50×15, 205/50×15, 185/60×14	
Felgen	6,25×15, 7×15, 6x15, 5,5×15, 6×14	
Einpreßtiefe (mm)	–	
Fahrwerk		
Stoßdämpferabstimmung (Fabrikat)	Nothelle	
Federn (Fabrikat)	Nothelle	
Stabilisator (Fabrikat)		
vorn	Nothelle	
hinten	Serie	
Spurverbreiterung	–	
Fahrzeug tiefergelegt um (mm)	25–50	
Lenkung		
Änderungen	–	

Fahrleistungen	1,8 l 125 PS	1,8 l 160 PS	1,9 l 140 PS	1,9 l 130 PS	1,9 l 148 PS
0 auf 100 km/h (s)	8,5	7,0	7,7	8,5	7,2
Höchstgeschw. (km/h)	193	214	203	195	207
Preise					
Motor-Umbau*	1950.–	9400.–	7400.–	5400.–	8400.–
Motor neu	–				
Fahrwerk	1140.–				
Innenausstattung	individuell nach unserer Vorgabe oder dem Kundenwunsch entsprechend, kein Limit				
Außenausstattung	siehe oben				

* Motorpreise einschließlich Einbau und verstärkter Kupplung

Oettinger

Oettinger zählt zu den ältesten der Tuning-Branche. Schon 1947 begann er vor allem dem Käfermotor mehr PS einzuhauchen. Heute zählt sein Betrieb rund 60 Mitarbeiter, die sich vornehmlich der Aufgabe widmen, VW- und Audi-Fahrzeuge individuell herzurichten und schneller zu machen.
Oettinger ist der einzige Tuner, der einen eigenen Vierventil-Zylinderkopf für den Golf-Motor entwickelt hat. Eine Golf-Sonderserie mit 16-Ventil-Zylinderkopf wurde vornehmlich nach Frankreich verkauft.

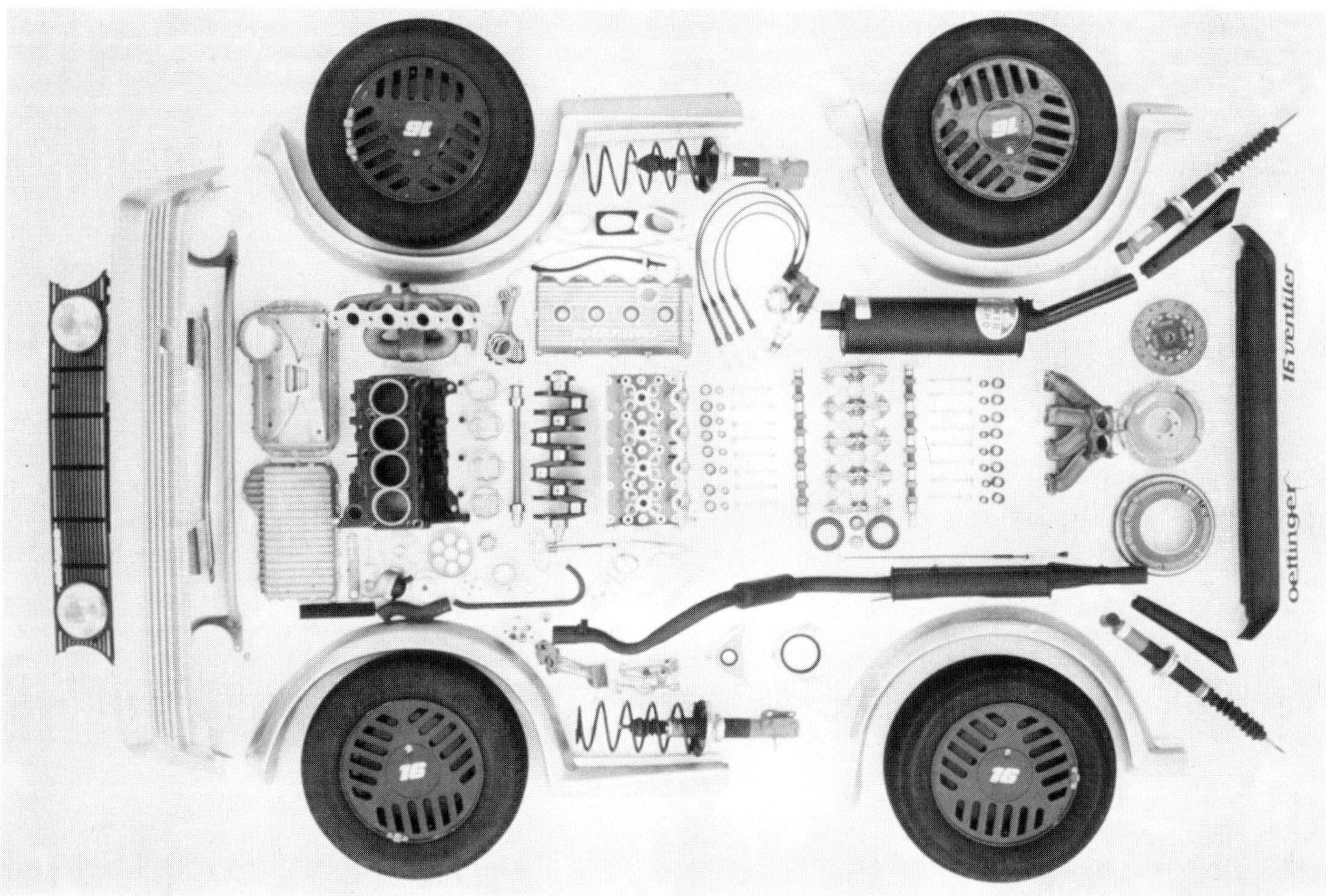

OETTINGER-TUNING: 1800 E

	Ausgangsbasis	Nach dem Umbau
Motor		
Motorleistung (bei 1/min in PS)	110/6100	125/5750
Bohrung (∅ mm)	79,5	79,5
Hub (mm)	80,0	90,5
Hubraum (cm³)	1588	1796
Drehmoment (Nm bei 1/min)	140/5000	157/4600
Verdichtung	9,5	9,7
Einspritzanlage/Typ	K-Jetronic	Bosch-K-Jetronic
Vergaser/Typ	–	–
Zylinderkopf	–	bearbeitet, mit größeren Ein- und Auslaß-querschnitten
Ventile (∅ mm)		
Einlaß	38	38
Auslaß	31	34
Nockenwelle (Fabrikat)	–	Serie
Steuerzeiten	EÖ 6° vor OT ES 49° nach UT AÖ 45° vor UT AS 8° nach OT	〃
Ventilfedern	Serie	Serie
Saugrohr	〃	bearbeitet
Luftfilter	〃	Serie
Kolben (Fabrikat)	〃	gegossene Spezial-Muldenkolben
Kurbelwelle (Fabrikat)	VW 80 mm Hub	Oettinger-Chrom-Molybdändstahl-KW mit angeschmiedeten Gegengewichten, nitrierbehandelt
Pleuel	Serie	ausgewogen
Motorschmierung	〃	serienmäßig
Motorkühlung	〃	Serie
Zündung	〃	〃
Zündeinstellung	〃	〃
Zündspule	〃	〃
Zündanlage	〃	〃
Verteiler	〃	〃
Zündkerzen	225-T 30 Bosch	z.B.: Bosch W 4 CC
Schalldämpferanlage (Fabrikat)	Serie VW	Serie, wahlweise Gillet Power Sound DM 420.– Aufpreis
Kraftübertragung		
Kupplung	verstärkte Kupplungsdruckplatte	
Getriebe	Serie	
Übersetzung		
1. Gang	Serie	
2. Gang	〃	
3. Gang	〃	
4. Gang	〃	
5. Gang	〃	
R.-Gang	〃	
Reifen		
Fabrikat	entsprechend Techn. Ratgeber von VW	
Größe	Reifen vorzugsweise Pirelli P 6 und P 7	
Felgen		
Einpreßtiefe		
Fahrwerk		
Stoßdämpferabstimmung (Fabrikat)	Serie wahlweise Oettinger-Fahrwerk mit verstellbaren Federtellern und härteren Federn vorn	
Federn (Fabrikat)		
Stabilisator (Fabrikat)		
vorn	Serie	
hinten	Serie	
Spurverbreiterung	abhängig von Felgenzahl bis 10 mm	
Fahrzeug tiefergelegt um (mm)	auf Kundenwunsch einjustierbar max. 30	
Lenkung		
Änderungen	Serie	
Fahrleistungen		
0 auf 100 km/h (s)	7,8	
Höchstgeschw. (km/h)	190	
Preise		
Motor-Umbau	DM 5123.– inkl. verst. Kupplung u. Öldruckmesser	
Motor neu	–	
Fahrwerk	DM 1690.– inkl. Montage und Vermessen	

OETTINGER-TUNING: 2000 E

	Ausgangsbasis	Nach dem Umbau
Motor		
Motorleistung (bei 1/min in PS)	110/6100	136/5600
Bohrung (∅ mm)	79,5	81,5
Hub (mm)	80,0	94,5
Hubraum (cm^3)	1588	1972
Drehmoment (Nm bei 1/min)	140/5000	180/4500
Verdichtung	9,5	9,7
Einspritzanlage/Typ	K-Jetronic	modifizierte Bosch-K-Jetronic
Vergaser/Typ	–	–
Zylinderkopf	–	bearbeitet, mit größeren Ein- und Auslaß-querschnitten
Ventile (∅ mm)		
Einlaß	38	41
Auslaß	31	35
Nockenwelle (Fabrikat)	–	Serie
Steuerzeiten	EÖ 6° vor OT ES 49° nach UT AÖ 45° vor UT AS 8° nach OT	"
Ventilfedern	Serie	"
Saugrohr	"	bearbeitet
Luftfilter	"	Serie
Kolben (Fabrikat)	"	gegossene Spezial-Muldenkolben
Kurbelwelle (Fabrikat)	VW 80 mm Hub	Oettinger-Chrom-Molybdändstahl-KW mit angeschmiedeten Gegengewichten, nitrierbehandelt
Pleuel	Serie	ausgewogen
Motorschmierung	"	Serie
Motorkühlung	"	wahlw. geg. Aufpreis: Alu-Ölwanne
Zündung	"	Serie
Zündeinstellung	"	30° vor OT bei 5000/min
Zündspule	"	Serie
Zündanlage	"	"
Verteiler	"	Kennlinie geändert
Zündkerzen	225-T 30 Bosch	z.B.: Bosch W 4 CC

	Ausgangsbasis	Nach dem Umbau
Schalldämpferanlage (Fabrikat)	Serie VW	Serie, wahlweise Gillet Power Sound DM 420.– Aufpreis
Kraftübertragung		
Kupplung	verstärkte Kupplungsdruckplatte und Mitnehmerscheibe	
Getriebe	–	
Übersetzung	Gesamtübersetzung verlängert: 3,48:1 (5-Gang); 3,32:1 (4-Gang)	
1. Gang	Serie	
2. Gang	"	
3. Gang	"	
4. Gang	"	
5. Gang	"	
R.-Gang	"	
Reifen		
Fabrikat	–	
Größe	–	
Felgen	–	
Einpreßtiefe	–	
Fahrwerk		
Stoßdämpferabstimmung (Fabrikat)	–	
Federn (Fabrikat)	–	
Stabilisator (Fabrikat)	vordere Querstrebe unten	
Spurverbreiterung	–	
Fahrzeug tiefergelegt um (mm)	–	
Lenkung		
Änderungen	Serie	
Fahrleistungen		
0 auf 100 km/h (s)	7,4	
Höchstgeschw. (km/h)	196	
Preise		
Motor-Umbau	DM 9303.– inkl. verst. Kupplung, längere Übersetzung, Querstrebe unten, Öldruckmesser	
Motor neu	–	
Fahrwerk	–	

OETTINGER-TUNING: 2000 E/1

	Ausgangsbasis	Nach dem Umbau
Motor		
Motorleistung		
(bei 1/min in PS)	112/5800	136/5600
Bohrung (∅ mm)	81,0	82,0
Hub (mm)	86,4	94,5
Hubraum (cm^3)	1780	1996
Drehmoment		
(Nm bei 1/min)	155/3500	180/3000
Verdichtung	10	10
Einspritzanlage/Typ	K-Jetronic	Bosch-K-Jetronic modifiziert
Vergaser/Typ	–	–
Zylinderkopf	Serie 1,8 l	bearbeitet, mit größeren Ein- und Auslaß-querschnitten
Ventile (∅ mm)		
Einlaß	40	41
Auslaß	33	35
Nockenwelle (Fabrikat)	VW G-Serie	Serie
Steuerzeiten	EÖ 6° vor OT ES 49° nach UT AÖ 45° vor UT AS 8° nach OT	"
Ventilfedern	Serie	"
Saugrohr	"	bearbeitet
Luftfilter	"	Serie
Kolben (Fabrikat)	"	Schmiedekolben
Kurbelwelle (Fabrikat)	"	Oettinger-Chrom-Molybdändstahl-KW mit angeschmiedeten Gegengewichten, nitrierbehandelt
Pleuel	"	ausgewogen
Motorschmierung	"	Serie
Motorkühlung	"	wahlw. geg. Aufpreis: Alu-Ölwanne
Zündung	"	Serie
Zündeinstellung	"	"
Zündspule	"	"
Zündanlage	"	"
Verteiler	"	"
Zündkerzen	225-T 30	z.B.: Bosch W 4 CC

	Ausgangsbasis	Nach dem Umbau
Schalldämpferanlage (Fabrikat)	Serie VW	Serie, wahlweise Gillet Power Sound gegen Aufpreis
Kraftübertragung		
Kupplung		
Getriebe	Serie, wahlweise Achsantrieb 3,48:1	
Übersetzung	Serie	
Reifen	Serie	
Fahrwerk	Serie	
Fahrleistungen		
0 auf 100 km/h (s)	7,4	
Höchstgeschw. (km/h)	196	
Preise		
Motor-Umbau	DM 4900.–	

Firmenanschrift	Oettinger Okrasa · Dipl.-Ing. G. Oettinger GmbH & Co. KG · Kraftfahrtechnik Max-Planck-Straße 1, 6382 Friedrichsdorf Telefon (06172) 72031
Firmenkatalog	ja

OETTINGER-TUNING: 1600 E/16

	Ausgangsbasis	Nach dem Umbau
Motor		
Motorleistung		
(bei 1/min in PS)	110/6100	136/6500
Bohrung (∅ mm)	79,5	79,5
Hub (mm)	80,0	80,0
Hubraum (cm^3)	1588	1588
Drehmoment		
(Nm bei 1/min)	140/5000	157/5500
Verdichtung	9,5	10,2
Einspritzanlage/Typ	K-Jetronic	K-Jetronic modifiziert
Vergaser/Typ	–	–
Zylinderkopf	–	Oettinger Vierventil-Zylinderkopf
Ventile (∅ mm)		
Einlaß	38	2×30
Auslaß	31	2×27
Nockenwelle (Fabrikat)	–	Eigenentwicklung
Steuerzeiten	EÖ 6° vor OT ES 49° nach UT AÖ 45° vor UT AS 8° nach OT	verstellbar
Ventilfedern	Serie	ähnlich Serie
Saugrohr	"	Oettinger
Luftfilter	"	Serie
Kolben (Fabrikat)	"	geschmiedete Vollschaftkolben mit Ventiltaschen; vollständiger Ventilfreigang
Kurbelwelle (Fabrikat)	VW 80 mm Hub	feinstgewuchtete KW; Schwungscheibe in 2 Ebenen feinstgew.

	Ausgangsbasis	Nach dem Umbau
Pleuel	Serie	ausgewogen
Motorschmierung	"	Oettinger-Leichtmetall-Ölwanne mit integriertem Ölhobel, Inhalt 4,5 l, verlängerte Ölpumpe
Motorkühlung	"	geänderte Führung der Kühlflüssigkeit
Zündung	"	kontaktlos gesteuerte Transistorzündung
Zündeinstellung	"	29° vor OT bei 5000/min
Zündspule	"	Serie
Zündanlage	"	"
Verteiler	"	geänderte Kennlinie
Zündkerzen	225-T 30 Bosch	Champion G 63
Schalldämpferanlage		
(Fabrikat)	Serie VW	Serie, wahlweise Gillet Power Sound gegen Aufpreis
Kraftübertragung		
Kupplung	verstärkte Kupplungsdruckplatte	
Getriebe	Serie, für Frankreich-Modell: Achsantrieb 4,17:1	
Übersetzung	Serie	
Reifen	Serie	
Fahrwerk	Serie	
Stabilisator (Fabrikat)	vordere Querstrebe unten	
Fahrleistungen		
0 auf 100 km/h (s)	7,5	
Höchstgeschw. (km/h)	196	
Preise		
Motor-Umbau	DM 9845.–	

HG-CC16

HG-CC16

OETTINGER-TUNING: 1800 E/16

	Ausgangsbasis	Nach dem Umbau
Motor		
Motorleistung (bei 1/min in PS)	112/5800	142/6100
Bohrung (∅ mm)	81,0	81,0
Hub (mm)	86,4	86,4
Hubraum (cm^3)	1780	1781
Drehmoment (Nm bei 1/min)	155/3500	168/5000
Verdichtung	10,0	10,2
Einspritzanlage/Typ	K-Jetronic	Bosch-K-Jetronic modifiziert
Vergaser/Typ	–	–
Zylinderkopf	Serie 1,8 l	Oettinger Vierventil-Zylinderkopf
Ventile (∅ mm)		
Einlaß	40	2×30
Auslaß	33	2×27
Nockenwelle (Fabrikat)	VW G-Serie	Oettinger 2 obenliegende NW Antrieb über Zahnriemen und Zahnrad
Steuerzeiten	EÖ 6° vor OT ES 49° nach UT AÖ 45° vor UT AS 8° nach OT	verstellbar
Ventilfedern	Serie	ähnlich Serie
Saugrohr	"	Oettinger
Luftfilter	"	Serie
Kolben (Fabrikat)	"	geschmiedete Vollschaftkolben mit Ventiltaschen; vollständiger Ventilfreigang
Kurbelwelle (Fabrikat)	"	feinstgewuchtet
Pleuel	"	ausgewogen
Motorschmierung	"	Oettinger-Leichtmetall-Ölwanne mit integriertem Ölhobel und Schottwänden, Inhalt 4,5 l
Motorkühlung	"	geänderte Führung der Kühlflüssigkeit
Zündung	"	kontaktlos gesteuerte Transistorzündung
Zündeinstellung	"	Serie (6° vor OT)

	Ausgangsbasis	Nach dem Umbau
Zündspule	Serie	Serie
Zündanlage	"	"
Verteiler	"	"
Zündkerzen	225-T 30	Champion G 63
Schalldämpferanlage (Fabrikat)	Serie VW	Serie, wahlweise Gillet Power Sound
Kraftübertragung		
Kupplung	verstärkte Einscheiben-Trockenkupplung	
Getriebe		
Übersetzung	Achsantrieb 3,65:1	
1. Gang	3,45	
2. Gang	2,12	
3. Gang	1,44	
4. Gang	1,13	
5. Gang	0,91	
R.-Gang	3,17	
Reifen		
Fabrikat	Pirelli P 6	
Größe	205/60 HR 13	
Felgen/Größe	6×13 Centra LM	
Einpreßtiefe (mm)	33	
Fahrwerk		
Stoßdämpferabstimmung (Fabrikat)	Oettinger-Fahrwerk mit höhenverstellbaren, speziell abgestimmten Federbeinen und strafferen Federn vorn	
Federn (Fabrikat)	Oettinger	
Stabilisator (Fabrikat)	vordere Querstrebe unten	
Spurverbreiterung (mm)	10	
Fahrzeug tiefergelegt um (mm)	höhenverstellbar	
Lenkung		
Änderungen	Oettinger-Lederlenkrad	
Fahrleistungen		
0 auf 100 km/h (s)	7,5	
Höchstgeschw. (km/h)	über 200	
Preise		
Motor-Umbau	Motor-Umbau ca. DM 10350.– inkl. Kupplung und Alu-Ölwanne, Komplettfahrzeug mit umfangreicher Ausstattung: DM 36924.–	

OETTINGER-TUNING: 2000 E/16

	Ausgangsbasis	Nach dem Umbau
Motor		
Motorleistung (bei 1/min in PS)	112	160/6100
Bohrung (∅ mm)	81,0	82,0
Hub (mm)	86,4	94,5
Hubraum (cm³)	1780	1996
Drehmoment (Nm bei 1/min)	155/3500	183/5100
Verdichtung	10	10
Einspritzanlage/Typ	K-Jetronic	Bosch-K-Jetronic modifiziert
Vergaser/Typ	–	–
Zylinderkopf	Serie 1,8 l	Oettinger Vierventil-Zylinderkopf
Ventile (∅ mm)		
Einlaß	40	2×30
Auslaß	33	2×27
Nockenwelle (Fabrikat)	VW G-Serie	2 obenliegende NW, kombinierter Zahnriemen-Zahnrad-Antrieb verstellbar
Steuerzeiten	EÖ 6° vor OT ES 49° nach UT AÖ 45° vor UT AS 8° nach OT	
Ventilfedern	Serie	ähnlich Serie
Saugrohr	〃	Oettinger, mit Schwingungsdämpfer für Drosselklappenteil
Luftfilter	〃	Serie
Kolben (Fabrikat)	〃	geschmiedete Muldenkolben mit Ventiltaschen; vollständiger Ventilfreigang
Kurbelwelle (Fabrikat)	〃	Oettinger-Chrom-Molybdänstahl-KW mit angeschmiedeten Gegengewichten, nitrierbehandelt
Pleuel	〃	ausgewogen
Motorschmierung	〃	Oettinger-Leichtmetall-Ölwanne mit integriertem Ölhobel, Inhalt 4,5 l
Motorkühlung	〃	verlängerte Ölpumpe, geänderte Führung der Kühlflüssigkeit

	Ausgangsbasis	Nach dem Umbau
Zündung	〃	kontaktlos gesteuerte Spulenzündung
Zündeinstellung	〃	30° vor OT bei 5000/min
Zündspule	〃	Serie
Zündanlage	〃	〃
Verteiler	〃	〃
Zündkerzen	225-T 30	Champion G 63
Schalldämpferanlage (Fabrikat)	Serie VW	Serie, wahlweise Gillet Power Sound gegen Aufpreis
Kraftübertragung		
Kupplung	verstärkte Kupplungsdruckplatte und Mitnehmerscheibe	
Getriebe	Achsantrieb 3,48:1 (5-Gang); 3,32:1 (4-Gang)	
Übersetzung	Serie	
Reifen	Serie	
Fahrwerk		
Stoßdämpferabstimmung (Fabrikat)	verstärkte Bremssattelträger	
Federn (Fabrikat)	kürzere Fahrwerksfedern vorn	
Stabilisator (Fabrikat)	vordere Querstrebe unten	
Fahrzeug tiefergelegt um (mm)	vorn 25	
Fahrleistungen		
0 auf 100 km/h (s)	6,9	
Höchstgeschw. (km/h)	206	
Preise		
Motor-Umbau Motor neu Fahrwerk	DM 17145.– inkl. verst. Bremssattelträger, kürzere Fahrwerksfedern vorn, längere Getriebeübersetzung, verst. Kupplung, Oettinger-LM-Ölwanne, Öldruckmesser	
Innenausstattung	Oettinger-Vierspeichen-Lenkrad Oettinger-Instrumente	
Außenausstattung	Frontspoiler und Kotflügelverbreiterungen in Wagenfarbe; Doppelscheinwerfer-Grill; Heckspoiler; seitliche Schwellerleisten; größerer Bremskraftverstärker	

OETTINGER-TUNING: EV 2000 E/II/GTI II

	Ausgangsbasis	Nach dem Umbau
Motor		
Motorleistung (bei 1/min in PS)	112/5800	140/5600
Bohrung (∅ mm)	81,0	82,0
Hub (mm)	86,4	94,5
Hubraum (cm^3)	1780	1996
Drehmoment (Nm bei 1/min)	155/3500	188/3550
Verdichtung	10	10
Einspritzanlage/Typ	K-Jetronic	Bosch-K-Jetronic modifiziert
Vergaser/Typ	–	–
Zylinderkopf	Serie 1,8 l	bearbeitet mit größeren Ein- und Auslaßquerschnitten
Ventile (∅ mm)		
Einlaß	40	40
Auslaß	33	35
Nockenwelle (Fabrikat)	VW G-Serie	Oettinger-Nockenwelle mit verstellbarem Antriebsrad
Steuerzeiten	EÖ 6° vor OT ES 49° nach UT AÖ 45° vor UT AS 8° nach OT	
Ventilfedern	Serie	Serie
Saugrohr	"	bearbeitet
Luftfilter	"	Serie
Kolben (Fabrikat)	"	Kolben mit exzentrischer Mulde, geschmiedet
Kurbelwelle (Fabrikat)	"	Oettinger-Chrom-Molybdänstahl-KW mit angeschmiedeten Gegengewichten, nitrierbehandelt, feinstgewuchtet

	Ausgangsbasis	Nach dem Umbau
Pleuel	"	ausgewogen
Motorschmierung	"	Serie
Motorkühlung	"	gegen Aufpreis: Leichtmetall-Ölwanne
Zündung	"	Serie
Zündeinstellung	"	6° vor OT bei 950/min
Zündspule	"	Serie
Zündanlage	"	"
Verteiler	"	Verteiler modifiziert
Zündkerzen	225-T 30	z.B.: Bosch W 4 CC
Schalldämpferanlage (Fabrikat)	Serie VW	Abgasanlage mit Fächerkrümmer
Kraftübertragung		
Kupplung	verstärkte Kupplungsdruckplatte	
Getriebe	Serie	
Übersetzung	Serie	
Reifen	Serie	
Fahrwerk	Serie	
Fahrleistungen		
0 auf 100 km/h (s)	7,4	
Höchstgeschw. (km/h)	204	
Preise		
Motor-Umbau	DM 6980.–	
Motor neu	–	
Fahrwerk	DM 1976.– inkl. Einbau und TÜV-Abnahme	

OETTINGER-TUNING: EV 2000 E/16 II

	Ausgangsbasis	Nach dem Umbau
Motor		
Motorleistung (bei 1/min in PS)	112/5800	170/6250
Bohrung (∅ mm)	81,0	82,0
Hub (mm)	86,4	94,5
Hubraum (cm³)	1780	1996
Drehmoment (Nm bei 1/min)	155/3500	198/5000
Verdichtung	10,0	10,5
Einspritzanlage/Typ	K-Jetronic	Bosch-K-Jetronic modifiziert
Vergaser/Typ	–	–
Zylinderkopf	Serie 1,8 l	Oettinger-Vierventil-Zylinderkopf
Ventile (∅ mm)		
Einlaß	40	2×30
Auslaß	33	2×27
Nockenwelle (Fabrikat)	VW G-Serie	Oettinger, 2 obenliegende Nockenwellen Antrieb über Zahnriemen und Zahnrad verstellbar
Steuerzeiten	EÖ 6° vor OT ES 49° nach UT AÖ 45° vor UT AS 8° nach OT	
Ventilfedern	Serie	ähnlich Serie
Saugrohr	"	Oettinger
Luftfilter	"	Serie
Kolben (Fabrikat)	"	geschmiedete Vollschaftkolben mit Ventiltaschen vollständiger Ventilfreigang
Kurbelwelle (Fabrikat)	"	Oettinger-Chrom-Molybdänstahl-KW mit angeschmiedeten Gegengewichten, nitrierbehandelt, feinstgewuchtet

	Ausgangsbasis	Nach dem Umbau
Pleuel	"	ausgewogen
Motorschmierung	"	Oettinger-Leichtmetall-Ölwanne mit integriertem Ölhobel und Schottwänden, Inhalt 4,5 l
Motorkühlung	"	geänderte Führung der Kühlflüssigkeit
Zündung	"	Serie
Zündeinstellung	"	0° vor OT bei 950/min
Zündspule	"	Serie
Zündanlage	"	"
Verteiler	"	Verteiler modifiziert
Zündkerzen	225-T 30	Champion G 63
Schalldämpferanlage (Fabrikat)	Serie VW	Abgasanlage mit Fächerkrümmer
Kraftübertragung		
Kupplung	verstärkte Kupplungsdruckplatte, Mitnehmerscheibe mit zusätzlich geklebtem, wärmefestem Belag	
Getriebe	Längere Achsübersetzung 3,42:1	
Übersetzung	Serie	
Reifen		
Fabrikat	Da die Höchstgeschwindigkeit über 210 km/h liegt, sind für die TÜV-Abnahme VR-Reifen erforderlich	
Fahrwerk	Serie	
Fahrleistungen		
0 auf 100 km/h (s)	7,2	
Höchstgeschw. in km/h	220	
Preise		
Motor-Umbaus	DM 17000.– inkl. Öldruckmesser und Bremsbelüftung vorn, längere Achsübersetzung	
Fahrwerk	DM 1976.– inkl. Einbau und TÜV-Abnahme	

Riechert

Zu den alten Volkswagen-Tunern zählt Riechert, der schon dem Käfer mit verschiedenen Tuning-Bausätzen zu mehr Leistung verhalf.
Für den Golf GTI bietet Riechert verschiedene Tuningstufen an, die sich vor allem durch eine Hubraumvergrößerung und durch die Wahl einer anderen Nockenwelle auszeichnen.

RIECHERT-TUNING: 128 PS

	Ausgangsbasis	Nach dem Umbau
Motor		
Motorleistung (bei 1/min in PS)	110/6100	128/6100
Bohrung (∅ mm)	79,5	81,0
Hub (mm)	80,0	86,4
Hubraum (cm³)	1588	1780
Drehmoment (Nm bei 1/min)	140/5000	164/4700
Verdichtung	9,5	9,8
Einspritzanlage/Typ	K-Jetronic	Änderung durch Einbau eines Warmlaufreglers mit Voll-Last-Anreicherung
Vergaser/Typ	–	–
Zylinderkopf	–	Weitkanal (GTI)
Ventile (∅ mm)		
Einlaß	38	40
Auslaß	31	34
Nockenwelle (Fabrikat)	–	Schrick 272°
Steuerzeiten	EÖ 6° vor OT ES 49° nach UT AÖ 45° vor UT AS 8° nach OT	272°
Ventilfedern	Serie	Serie
Saugrohr	"	angepaßt an Zylinderkopf-Kanäle
Luftfilter	"	Serie
Kolben (Fabrikat)	"	KS-Sonderkolben
Kurbelwelle (Fabrikat)	VW 80 mm Hub	VW 86,4 Hub geschmiedet

	Ausgangsbasis	Nach dem Umbau
Pleuel	Serie	Serie
Motorschmierung	"	"
Motorkühlung	"	größerer Sport-Ölkühler
Zündung	"	Serie
Zündeinstellung	"	"
Zündspule	"	"
Zündanlage	"	"
Verteiler	"	"
Zündkerzen	225-T 30	260 S 6
Schalldämpferanlage (Fabrikat)	VW Serie	wahlweise GTI-Serie wahlweise GTI-Gillet
Kraftübertragung		
Kupplung	Druckplatte mit erhöhter Anpreßkraft Mitnehmerscheibe (Spezial)	
Getriebe	Serie	
Übersetzung	Serie; auf Wunsch Achsantrieb-Änderung	
Reifen	Serie	
Fahrwerk	Serie	
Fahrleistungen		
0 auf 100 km/h (s)	7,8	
Höchstgeschw. km/h	195	
Preise		
Motor-Umbau	DM 5320.–	

RIECHERT-TUNING: 135 PS

	Ausgangsbasis	Nach dem Umbau
Motor		
Motorleistung		
(bei 1/min in PS)	110/6100	135*/6300
Bohrung (∅ mm)	79,5	82,5
Hub (mm)	80,0	86,4
Hubraum (cm^3)	1588	1861
Drehmoment		
(Nm bei 1/min)	140/5000	172/4800
Verdichtung	9,5	9,8
Einspritzanlage/Typ	K-Jetronic	Änderung durch Einbau eines Warmlaufreglers mit Voll-Last-Anreicherung
Vergaser/Typ	–	–
Zylinderkopf	–	Weitkanal (GTI)
Ventile (∅ mm)		
Einlaß	38	40
Auslaß	31	34
Nockenwelle (Fabrikat)	–	Schleicher 280°
Steuerzeiten	EÖ 6° vor OT ES 49° nach UT AÖ 45° vor UT AS 8° nach OT	280°
Ventilfedern	Serie	Serie
Saugrohr	"	angepaßt an Zylinderkopf-Kanäle
Luftfilter	"	Serie
Kolben (Fabrikat)	"	KS-Sonderkolben
Kurbelwelle (Fabrikat)	VW 80 mm Hub	VW 86,4 Hub geschmiedet
Pleuel	Serie	Serie
Motorschmierung	"	"

	Ausgangsbasis	Nach dem Umbau
Motorkühlung	Serie	größerer Sport-Ölkühler
Zündung	"	Serie
Zündeinstellung	"	"
Zündspule	"	"
Zündanlage	"	"
Verteiler	"	"
Zündkerzen	225-T 30	260 S 6
Schalldämpferanlage		
(Fabrikat)	VW Serie	wahlweise GTI-Serie wahlweise GTI-Gillet
Kraftübertragung		
Kupplung	Druckplatte mit erhöhter Anpreßkraft Mitnehmerscheibe (Spezial)	
Getriebe	Serie	
Übersetzung	Serie; auf Wunsch Achsantrieb-Änderung	
Reifen	Serie	
Fahrwerk	Serie	
Fahrleistungen		
0 auf 100 km/h (s)	7,3	
Höchstgeschw. km/h	200	
Preise		
Motor-Umbau	DM 5387.–	
Firmenanschrift	Ing. Bernd Riechert, Motorentechnik Kohlenstraße 1, 5620 Velbert-Nierenhof Telefon (02052) 3178	
Firmenkatalog	ja	

* Exportversion (kein TÜV)

Sauer & Sohn

Neben kompletten Motoren kann man bei Sauer und Sohn auch diverse Teile wie Motorblock, Kolben und Pleuel zum Selbstumbau ordern. Für den Golf GTI bietet Sauer und Sohn verschiedene Tuningstufen an, deren Leistungssteigerung vornehmlich durch die Bearbeitung des Zylinderkopfes und einer Hubraumvergrößerung erzielt werden.

Auch der GTI 2 ist ein beliebtes Tuning-Objekt.

SAUER & SOHN-TUNING: 128 PS

	Ausgangsbasis	Nach dem Umbau
Motor		
Motorleistung		
(bei 1/min in PS)	112/5800	128/6350
Bohrung (∅ mm)	81	81
Hub (mm)	86,4	86,4
Hubraum (cm^3)	1781	1781
Drehmoment		
(Nm bei 1/min)	153/3500	163/4900
Verdichtung	10,0	10,5
Einspritzanlage/Typ	K-Jetronic	K-Jetronic
Vergaser/Typ	–	–
Zylinderkopf	–	–
Ventile (∅ mm)		
Einlaß	40	EV 42, AV 34
Auslaß	33	Kanäle überarbeitet
Nockenwelle (Fabrikat)	Serie	Serie
Steuerzeiten	4/46/44/6	4/46/44/6
Ventilfedern	Serie	verstärkt
Saugrohr	"	S+S überarbeitet
Luftfilter	"	Serie
Kolben (Fabrikat)	Mahle und KS	Mahle und KS
Kurbelwelle (Fabrikat)	Serie	Serie
Pleuel	"	"
Motorschmierung	"	"
Motorkühlung	"	"
Zündung	–	–
Zündeinstellung	6° vor OT	6° vor OT
Zündspule	Serie	Serie
Zündanlage	"	"
Verteiler	"	"
Zündkerzen	"	Beru RS 39
Schalldämpferanlage		
(Fabrikat)	"	Serie oder Fa. Gillett Fahrgeräusche 78 E

	Ausgangsbasis	Nach dem Umbau
Kraftübertragung		
Kupplung	Serie	
Getriebe	76 Sportgetriebe	
Übersetzung		
1. Gang	3,455	
2. Gang	2,118	
3. Gang	1,444	
4. Gang	1,129	
5. Gang	0,912	
R.-Gang	3,167	
Reifen		
Fabrikat		
Größe	175/70 R 13 - 205/60 R 13	
Felgen/Größe	5½ J×13, 6 J×13	
Einpreßtiefe (mm)	38	
Fahrwerk		
Stoßdämpferabstimmung (Fabrikat)	Sportpakete von Bilstein, Koni und Sachs auf Wunsch des Kunden, sonst Serie	
Federn (Fabrikat)	"	
Stabilisator (Fabrikat)		
vorn	Serie	
hinten	Serie	
Spurverbreiterung	–	
Fahrzeug tiefergelegt um (mm)	auf Wunsch 30	
Lenkung		
Änderungen	Serie	
Fahrleistungen		
0 auf 100 km/h (s)	ca. 8	
Höchstgeschw. km/h	198	
Preise		
Motor-Umbau	DM 3262.–	
Motor neu	–	
Fahrwerk	Teile DM 950.–	

SAUER & SOHN-TUNING: 125 PS

	Ausgangsbasis	Nach dem Umbau
Motor		
Motorleistung (bei 1/min in PS)	110/6100	125/6000
Bohrung (∅ mm)	79,5	81,0
Hub (mm)	80,0	86,4
Hubraum (cm^3)	1588	1780
Drehmoment (Nm bei 1/min)	140/5000	163/5000
Verdichtung	9,5	9,8
Einspritzanlage/Typ	K-Jetronic	K-Jetronic
Vergaser/Typ	–	–
Zylinderkopf	–	–
Ventile (∅ mm)		
Einlaß	38	40
Auslaß	31	34 Kanäle überarbeitet
Nockenwelle (Fabrikat)	Serie	Serie
Steuerzeiten	4/46/44/6	4/46/44/6
Ventilfedern	Serie	VW Serie
Saugrohr	"	Serie überarbeitet
Luftfilter	"	Serie
Kolben (Fabrikat)	KS, Mahle und Nüral	Mahle und KS
Kurbelwelle (Fabrikat)	VW	VW gewuchtet
Pleuel	VW	VW ausgewogen
Motorschmierung	Serie	VW Serie
Motorkühlung	"	VW Serie oder Alu-Ölwanne
Zündung	–	–
Zündeinstellung	Serie	0°
Zündspule	"	Serie
Zündanlage	"	"
Verteiler	"	"
Zündkerzen	225-T 30	Beru RS 39
Schalldämpferanlage (Fabrikat)	Original GTI	Serie oder wahlweise Gillet

Firmenanschrift	Firma Sauer & Sohn Groß-Zimmerner Straße 51, 6110 Dieburt Telefon (06071) 2663
Firmenkatalog	ja

	Ausgangsbasis	Nach dem Umbau
Kraftübertragung		
Kupplung	F+S verstärkt	
Getriebe	4+5-Gang/Serie	
Übersetzung	4-Gang	5-Gang
1. Gang	3,45	3,45
2. Gang	1,94	2,12
3. Gang	1,29	1,44
4. Gang	0,97	1,13
5. Gang	–	0,912
R.-Gang	3,17	3,17
Reifen		
Fabrikat	auf Wunsch	
Größe	bis 205 / 60 HR 13	
Felgen/Größe	bis 6 J×13	
Einpreßtiefe (mm)	38	
Fahrwerk		
Stoßdämpferabstimmung (Fabrikat)	Auf Wunsch Bilstein, Koni und Sachs Fahrwerksatz	
Federn (Fabrikat)	"	
Stabilisator (Fabrikat)		
vorn	Serie	
hinten	Serie	
Spurverbreiterung	–	
Fahrzeug tiefergelegt um (mm)	auf Wunsch 30	
Lenkung		
Änderungen	–	
Fahrleistungen		
0 auf 100 km/h (s)	ca. 8	
Höchstgeschw. km/h	197 Scirocco / 192 Golf	
Preise		
Motor-Umbau	DM 4350.– + MWSt.	
Motor neu	–	
Fahrwerk	Teile DM 950.–	
Innenausstattung	Recaro- und ASS-Sitze Lenkräder Fa. Petri, Fa. ATIWE, Fa. Raid Elektrische Fensterheber, VDO-Armaturen	
Außenausstattung	Auf Wunsch der Kunden Bauteile: Fa. Kamei, Zender und BBS Felgen: Fa. ATS für BBS und ATIWE	

Schrick

Als Spezialist für »Technische Entwicklungen« firmiert Dr. Schrick, der sich in der Branche vor allem einen Namen durch eigene Nockenwellen-Entwicklungen gemacht hat.

Für den Golf GTI bietet Schrick verschiedene Bausätze an und als Besonderheit zwei Motoren mit Abgas-Turbolader. Die Bausätze können von jeder Werkstatt oder jedem geschickten Hobby-Tuner selbst eingebaut werden. Die Turbo-Motoren werden dagegen nur von Schrick eingebaut.

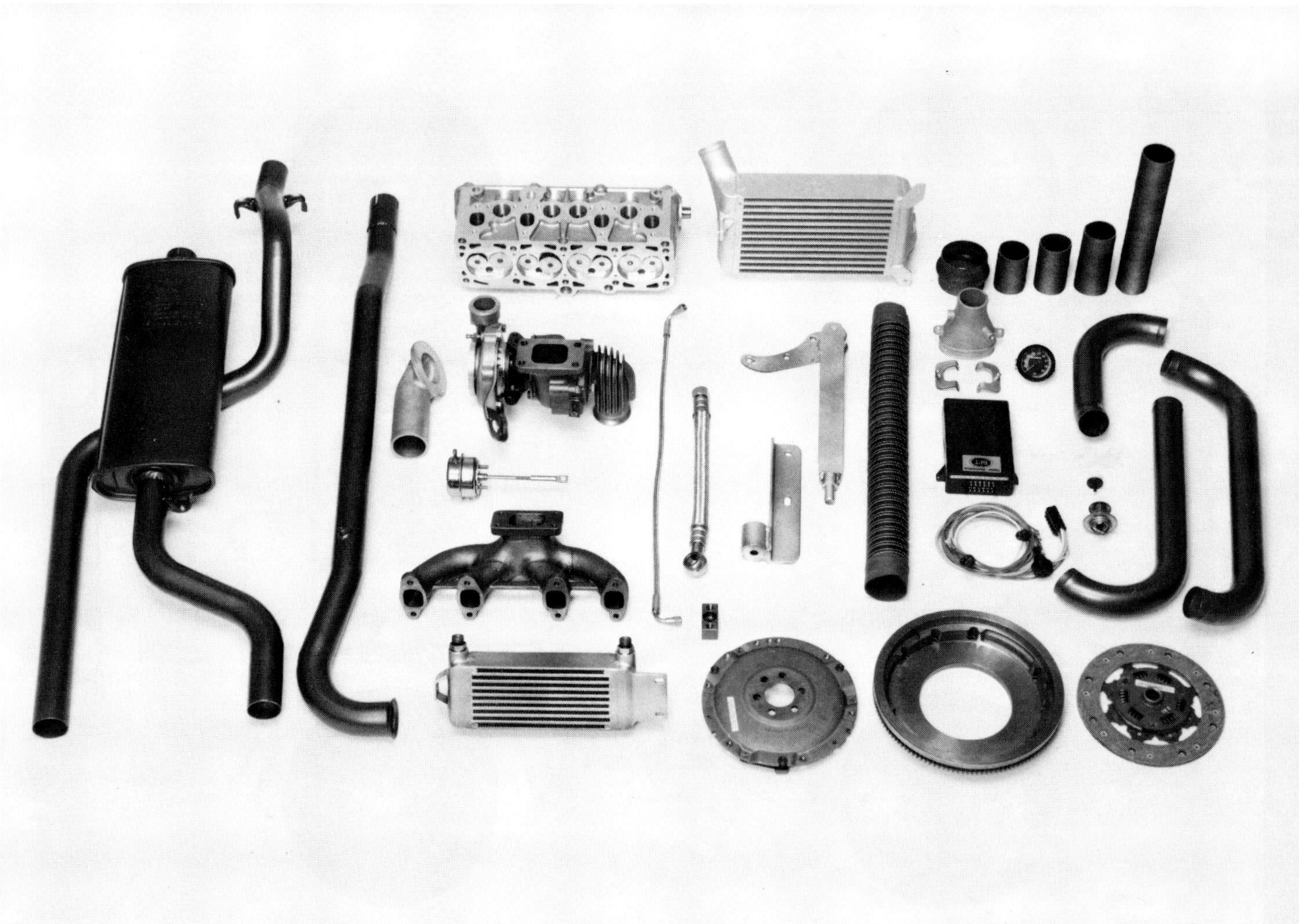

SCHRICK-TUNING: 132 PS

	Ausgangsbasis	Nach dem Umbau
Motor		
Motorleistung		
(bei 1/min in PS)	110/6100	132/6400
Bohrung (∅ mm)	79,5	Serie
Hub (mm)	80,0	"
Hubraum (cm³)	1588	"
Drehmoment		
(Nm bei 1/min)	140/5000	152/5500
		(138/3000)
Verdichtung	9,5	10,0
Einspritzanlage/Typ	K-Jetronic	Serie
Vergaser/Typ	–	–
Zylinderkopf	–	bearbeiteter Serien-Kopf
Ventile (∅ mm)		
Einlaß	38	38
Auslaß	31	32,5
Nockenwelle (Fabrikat)	Serie	Schrick 014.01.720
Steuerzeiten	EÖ 6° vor OT	EÖ 27° vor OT
	ES 49° nach UT	ES 65° nach UT
	AÖ 45° vor UT	AÖ 65° vor UT
	AS 8° nach OT	AS 27° nach OT
Ventilfedern	Serie	Schrick 013.02.060/032
Saugrohr	"	Serie, überarbeitet
Luftfilter	"	Serie
Kolben (Fabrikat)	"	"
Kurbelwelle (Fabrikat)	VW 80 mm Hub	"

	Ausgangsbasis	Nach dem Umbau
Pleuel	Serie	Serie
Motorschmierung	"	"
Motorkühlung	"	"
Zündung	"	"
Zündeinstellung	"	"
Zündspule	"	"
Zündanlage	"	"
Verteiler	"	"
Zündkerzen	225-T 30 Bosch	"
Schalldämpferanlage		
(Fabrikat)	VW Serie	Schrick SR 1
Fahrleistungen		
0 auf 100 km/h (s)	–	
Höchstgeschw. km/h	–	
Preise		
Motor-Umbau	ca. DM 3800.–	

Firmenanschrift	Dr. Schrick GmbH Dreherstraße 5, 5630 Remscheid 11

SCHRICK-TUNING: 140 PS

	Ausgangsbasis	Nach dem Umbau
Motor		
Motorleistung		
(bei 1/min in PS)	112/5800	140/6100
Bohrung (∅ mm)	81	Serie
Hub (mm)	86,4	"
Hubraum (cm^3)	1780	"
Drehmoment		
(Nm bei 1/min)	155/3500	170/5000
		(160/3000)
Verdichtung	10,0	10,5
Einspritzanlage/Typ	K-Jetronic	Serie
Vergaser/Typ	–	–
Zylinderkopf	Serie 1,8 l	bearbeiteter Serien-Kopf
Ventile (∅ mm)		
Einlaß	40	40
Auslaß	33	33
Nockenwelle (Fabrikat)	VW G-Serie	Schrick 014.01.720
Steuerzeiten	EÖ 6° vor OT	EÖ 27° vor OT
	ES 49° nach UT	ES 65° nach UT
	AÖ 45° vor UT	AÖ 65° vor UT
	AS 8° nach OT	AS 27° nach OT
Ventilfedern	Serie	Schrick 013.02.060/032
Saugrohr	"	Serie, überarbeitet
Luftfilter	"	Serie
Kolben (Fabrikat)	"	"
Kurbelwelle (Fabrikat)	"	"

	Ausgangsbasis	Nach dem Umbau
Pleuel	Serie	Serie
Motorschmierung	"	"
Motorkühlung	"	"
Zündung	"	"
Zündeinstellung	"	"
Zündspule	"	"
Zündanlage	"	"
Verteiler	"	"
Zündkerzen	225-T 30	"
Schalldämpferanlage		
(Fabrikat)	VW Serie	Schrick SR 1
Fahrleistungen		
0 auf 100 km/h (s)	–	
Höchstgeschw. km/h	–	
Preise		
Motor-Umbau	ca. DM 3800.–	

Firmenanschrift	Dr. Schrick GmbH Dreherstraße 5, 5630 Remscheid 11

SCHRICK-TUNING: 160 PS/Turbo

	Ausgangsbasis	Nach dem Umbau
Motor		
Motorleistung		
(bei 1/min in PS)	112/5800	160/6000
Bohrung (∅ mm)	81	Serie
Hub (mm)	86,4	〃
Hubraum (cm^3)	1780	〃
Drehmoment		
(Nm bei 1/min)	155/3500	235/3000
Verdichtung	10,0	9,2
Einspritzanlage/Typ	K-Jetronic	spezielle K-Jetronic
Vergaser/Typ	–	–
Zylinderkopf	Serie 1,8 l	bearbeiteter Serien-Kopf
Ventile (∅ mm)		
Einlaß	40	40
Auslaß	33	33
Nockenwelle (Fabrikat)	VW G-Serie	Serie
Steuerzeiten	EÖ 6° vor OT ES 49° nach UT AÖ 45° vor UT AS 8° nach OT	〃
Ventilfedern	Serie	〃
Saugrohr	〃	〃
Luftfilter	〃	〃
Kolben (Fabrikat)	〃	〃
Kurbelwelle (Fabrikat)	〃	〃

	Ausgangsbasis	Nach dem Umbau
Pleuel	Serie	Serie
Motorschmierung	〃	〃
Motorkühlung	〃	mit vergrößertem Ölkühler
Zündung	〃	kontaktlose Kennfeld-Zündung
Zündeinstellung	〃	nicht verstellbar
Zündspule	〃	Serie
Zündanlage	〃	〃
Verteiler	〃	serienmäßige Hochsp.-Verteilung
Zündkerzen	225-T 30	Bosch W 280 S2S
Schalldämpferanlage (Fabrikat)	VW Serie	Schrick
Fahrleistungen		
0 auf 100 km/h (s)	7,0	
Höchstgeschw. km/h	210	
Preise		
Motor-Umbau	ca. DM 10000.–	

Firmenanschrift	Dr. Schrick GmbH Dreherstraße 5, 5630 Remscheid 11

Turbo-Motors

Das Unternehmen hat vor einigen Jahren damit begonnen, Kleinlastwagen mittels Turbo-Aufladung zu mehr PS zu verhelfen. Inzwischen wird praktisch für jedes interessante Fahrzeug die Umrüstung auf Turbolader durchgeführt. Man kann sich bei TM auch einen Bausatz für sein Fahrzeug kaufen und den Einbau selbst vornehmen.

TURBO-MOTORS-TUNING: Turbolader 1600

	Ausgangsbasis	Nach dem Umbau
Motor		
Motorleistung		
(bei 1/min in PS)	110/6100	140/5700
Bohrung (∅ mm)	79,5	Serie
Hub (mm)	80	〃
Hubraum (cm^3)	1588	〃
Drehmoment		
(Nm bei 1/min)	140/5000	180/4000
Verdichtung	9,5	8,0
Einspritzanlage/Typ	K-Jetronic	Serie
Vergaser/Typ	–	Turboanlage
Zylinderkopf	–	Serie
Ventile (∅ mm)		
Einlaß	38	Serie
Auslaß	31	〃
Nockenwelle (Fabrikat)	–	〃
Steuerzeiten	EÖ 6° vor OT	〃
	ES 49° nach UT	
	AÖ 45° vor UT	
	AS 8° nach OT	
Ventilfedern	Serie	〃
Saugrohr	〃	Turbo-Motors
Luftfilter	〃	Serie
Kolben (Fabrikat)	〃	Serie (modifiziert)
Kurbelwelle (Fabrikat)	VW 80 mm Hub	Serie
Pleuel	Serie	Serie
Motorschmierung	〃	〃
Motorkühlung	〃	Serie
		(zusätzlich auf Wunsch)
Zündung	〃	Serie
Zündeinstellung	〃	modifiziert
Zündspule	〃	Serie
Zündanlage	〃	〃
Verteiler	〃	Serie (modifiziert)
Zündkerzen	225-T 30 Bosch	-
Schalldämpferanlage		
(Fabrikat)	VW Serie	Turbo-Motors
		(rückstaureduziert)
Kraftübertragung		
Kupplung	Serie	
Getriebe	Serie	
Übersetzung	Serie	
Reifen	Serie	
Fahrwerk	Serie	
Fahrleistungen		
0 auf 100 km/h (s)	7,5	
Höchstgeschw. km/h	über 200	
Preise		
Motor-Umbau	DM 7622.–	

TURBO-MOTORS-TUNING: Turbolader 1800

	Ausgangsbasis	Nach dem Umbau
Motor		
Motorleistung		
(bei 1/min in PS)	112/5800	160/5700
Bohrung (∅ mm)	81	Serie
Hub (mm)	86,4	″
Hubraum (cm³)	1780	″
Drehmoment		
(Nm bei 1/min)	155/3500	204/4000
Verdichtung	10	8
Einspritzanlage/Typ	K-Jetronic	Serie
Vergaser/Typ	–	Turboanlage
Zylinderkopf	Serie 1,8 l	Serie
Ventile (∅ mm)		
Einlaß	40	Serie
Auslaß	33	″
Nockenwelle (Fabrikat)	VW G-Serie	″
Steuerzeiten	EÖ 6° vor OT ES 49° nach UT AÖ 45° vor UT AS 8° nach OT	″
Ventilfedern	Serie	″
Saugrohr	″	Turbo-Motors
Luftfilter	″	Serie
Kolben (Fabrikat)	″	Serie (modifiziert)
Kurbelwelle (Fabrikat)	″	Serie
Pleuel	″	″
Motorschmierung	″	″
Motorkühlung	″	Serie (Zusatz-ölkühler auf Wunsch)
Zündung	″	Serie
Zündeinstellung	″	″
Zündspule	″	″
Zündanlage	″	″
Verteiler	″	Serie (modifiziert)
Zündkerzen	225-T 30	–
Schalldämpferanlage		
(Fabrikat)	VW Serie	Turbo-Motors (rückstaureduziert)

	Ausgangsbasis	Nach dem Umbau
Kraftübertragung		
Kupplung	Serie	
Getriebe	Serie	
Übersetzung	Serie	
Reifen	Serie	
Fahrwerk	Serie	
Fahrleistungen		
0 auf 100 km/h (s)	7,1	
Höchstgeschw. km/h	über 210	
Preise		
Motor-Umbau	DM 7626.–	

Firmenanschrift	Turbo-Motors GmbH Puderbacherstraße 8, 5419 Urbach
Firmenkatalog	ja, Kurzinformation

Votex

Die VW-Tochter Votex arbeitet eng mit den Wolfsburger Technikern zusammen und hat dadurch natürlich einen Wissensvorsprung bei der Realisierung neuer Anbauteile. Zudem kann sie das Knowhow der Muttergesellschaft nutzen. Neben verschiedenen Anbauteilen, die das Aussehen oder die Aerodynamik verbessern, kann der Kunde auch über die V.A.G.-Händler diverse sportliche Kleidungsstücke ordern.

VOTEX-TUNING-TEILE

Innenausstattung	VOTEX-Zubehör ist bei allen V.A.G-Händlern erhältlich Autoradio-Cassettengerät / Antennen LautsprecherEinbausatz / Lautsprecherboxen Mittelkonsole zum nachträglichen Einbau 4-Speichen-Lederlenkrad Fußmatten aus Gummi oder Teppich Schalthebelknopf Sportsitze »VW-Design« Instrumentenkonsole mit 3 Einsätzen für Zusatzinstrumente

Außenausstattung	Doppelscheinwerfergrill verschiedene Versionen (z. B. Rechteckscheinwerfer) Aerodynamik-Anbausatz »VOTEX-Sport« Seitenschweller-Satz Frontspoiler Heckbrille Rammschutzleisten Schmutzfänger für vorne und hinten Dachträgersysteme Alu-Felgen »VOTEX-Sport 6×13«
Firmenanschrift	VOTEX Warenhandelsgesellschaft mbH Max-Planck-Straße 10, 6072 Dreieich Verkauf nur über den V.A.G-Handel!
Firmenkatalog	ja, auch bei allen V.A.G-Partnern erhältlich

Zender

Mit einem ausgesprochen aufwendigen Zubehör-Programm für den Golf GTI kann Zender aufwarten. Neben den verschiedensten Spoilern und Kühlergrills bietet die Firma auch diverse Sonderlackierungen an. Und wer seinen GTI mit feinstem Leder ausschlagen will, kann dies auch bei Zender ordern.

ZENDER-TUNING

Fahrwerk Stoßdämpferabstimmung (Fabrikat)	Zender-Fahrwerkskit 2 Koni-Federbeine Vorderachse in Zender-Abstimmung 2 Koni-Stoßdämpfer Hinterachse in Zender-Abstimmung
Federn (Fabrikat)	4 Spezialfedern
Stabilisator (Fabrikat)	Federbeinstrebe, Querlenkerstrebe
Innenausstattung	Individuelle Ausstattung Stereo-Anlagen in allen Leistungsstufen Sportsitze verschiedener Hersteller Umgestaltung diverser Einzelteile wie Armaturenbrett etc. komplette Lederausstattung siehe Zender-Automobil-Buch
Außenausstattung	Komplette Umbausätze wie Z 20 Exklusiv-Bausatz oder einzelne Karosserieteile wie Stoßstangen, Spoiler, Seitenleisten, Scheinwerfergrill etc., Reifen und Felgen, Überrollbügel
Firmenanschrift	Zender Exklusiv Auto Florinstraße, 5403 Mühlheim-Kärlich
Firmenkatalog	ja

Familien-Treffen

1000 GTI am Wörthersee

Karl Grausam, 28 Jahre alt und Fremdenverkehrsdirektor von dem österreichischen Ferienort Maria Wörth, hatte 1982 eine Idee: Wie wäre es, wenn man einmal die Golf GTI-Fahrer zu einem Treffen in Maria Wörth (wo sonst?) vereinigen würde?

Das Ergebnis des ersten Treffens war schon recht erfreulich: 72 Autos trafen am Wörthersee ein und rund 160 Teilnehmer erlebten ein langes – dennoch kurzweiliges – Wochenende in Österreich.

Für 1983 gerieten die Planungen etwas großzügiger, zumal eine deutlich höhere Teilnehmerzahl erwartet werden durfte – und mit diesem Hinweis konnte auch das Volkswagenwerk als Partner gewonnen werden. Eine – wie sich später zeigen sollte – durchaus positive Zusammenarbeit begann. Sie wurde durch Günther Kühl, zuständig für Motorsport-Koordination des Volkswagenwerks, und Hans Strömel, dem Leiter der Abteilung Public

Aufstellung zum bislang längsten GTI-Korso: Exakt 1150 Exemplare des temperamentvollsten Golfs fanden sich bei den 4. GTI-Tagen im österreichischen Maria Wörth ein.

GOLF-GTI TREFF
VOM 5.6.-9.6.1985
Haften verboten

Einer der insgesamt sieben Parkplätze auf dem sich die GTI-Fans aus ganz Europa 1985 in Österreich trafen.

Relations (PR) in Wolfsburg, ausgelöst. – Die Entscheidung für eine offizielle Beteiligung an der Organisation der nächsten Veranstaltung fiel rasch und wurde dadurch dokumentiert, daß Dr. Carl Hahn, der Vorstandsvorsitzende der VW AG, die Schirmherrschaft der nächsten Veranstaltungen übernahm.

Die Vorbereitungen für dieses 2. GTI-Treffen gerieten dann auch recht aufwendig, zeitraubend und kostenintensiv. Eine Frage ließ sich allerdings im Vorfeld der Vorbereitungen nicht klären: Wie viele GTI-Fans werden kommen? Wie hoch mußte die Zahl der Quartierplätze, der Teilnehmergeschenke, der Informationsmappen, der Parkplätze, der Betreuer, der Organisatoren und der Sitze im Veranstaltungszelt sein?

Zwar erreichte die auch im europäischen Ausland verbreitete Botschaft der Einladung zum 2. GTI-Treffen nicht alle Interessenten, dafür erreichte aber das Nennungs-Ergebnis eine selbst von Optimisten unerwartete Größenordnung: Am 2. Juli liefen (bei über 800 Nennungen) exakt 764 Fahrzeuge das Meldebüro in Maria Wörth an: 1800 Personen ließen sich als Teilnehmer registrieren – der älteste Gast zählte 68 Jahre, der jüngste ganze zwei Monate.

Das Treffen mit Menschen gleicher oder ähnlicher Interessen war gewollt, das Gemeinschaftsgefühl wurde geweckt und sollte sich – über die nächsten Jahre – noch verstärken. Die Beurteilungen der Teilnehmer zu diesem Treffen bewegten sich in einem weiten Bereich, von »interessant« über »wertvoll« und »informativ« bis hin zum »herrlichen Erlebnis«. Man war unter seinesgleichen, es überwog das Gefühl, im attraktiven Rahmen Freunde getroffen zu haben.

Professor Dr. Ernst Fiala, VW-Vorstandsmitglied für Forschung und Entwicklung, zeigte sich nachhaltig beeindruckt: »Drei Dinge« – so erklärte der Professor – hielt er für besonders interessant: »Die hohe Teilnehmerzahl – das niedrige Durchschnittsalter der Teilnehmer von etwa 24 Jahren – und das Maß der Veränderungen an den Fahrzeugen.«

Als Gast zeigte der Technik-Chef den Teilnehmern einen etwa 170 PS starken Schwimm-Golf auf Basis eines GLI-Cabrios, bei dem zwei hydraulisch bewegte Schwimmer und eine Schraube am Heck für erstaunliche nautische Fähigkeiten sorgten.

Am dritten der Festtage, dem Sonntag, gab es dann eine etwa 4,2 Kilometer lange Schlange aus exakt 752 Golf GTI's zu besichtigen, die den größten Teil der Wörthersee-Süduferstraße ausfüllte. Kein Wunder, daß diese GTI-Schlange auch prompt ein Jahr später im Guiness-Buch der Rekorde auftaucht.

Natürlich geriet die Verabschiedung zu einem großen Versprechen, sich im nächsten Jahr wieder im sonnigen Österreich zu treffen.

Im Juni 1984 waren es dann noch mehr Teilnehmer, die das 3. Internationale Golf GTI-Treffen zu einem unvergeßlichen Erlebnis machten: Obwohl mit maximal 1000 Teilnehmern gerechnet wurde, meldeten sich schließlich 1027 GTI's in Maria Wörth. Die Teilnehmer, die aus Holland, Belgien, Großbritannien, der Schweiz, Dänemark und Luxemburg, aus Schweden, Österreich und der Bundesrepublik angereist waren, hatten nicht nur fünf Tage lang Spaß und Geselligkeit, sie konnten auch bei einer Informationsmesse, bei der 23 Aussteller aus der Tuning-, Zubehör- und Reifen-Branche ihre neuesten Produkte zeigten, erkennen, was ihren Fahrzeugen gut anstehen würde.

Wie sehr sich die Investitionen der Aussteller lohnen würden, war auf den Parkplätzen erkennbar: Da war nur noch eine Handvoll von GTI-Modellen absolut serienmäßig – der Rest war mit breiten Reifen, Leichtmetallfelgen, neuen Spoilern und Stereoanlagen gespickt. »Unter 10 000 Mark Aufpreis läuft hier nichts«, so lautete der fachkundige Kommentar eines Betrachters dieser mit GTI's gefüllten Parkplätze.

Obwohl bei dem 3. Internationalen GTI-Treffen der neue GTI erstmals in einigen Exemplaren zu besichtigen war, hatte doch noch der »alte« die Überhand – der »neue« wurde noch mit leichter Zurückhaltung von den rund 3000 Teilnehmern zur Kenntnis genommen, aber es war doch klar, daß auch der GTI 2 rasch seine Fans finden würde.

Und bei den 4. GTI-Tagen war es dann soweit: Exakt 1150 Golf GTI's der ersten und der zweiten Generation waren an den fünf Tagen in Kärnten zu besichtigen. Die etwa 3000 Teilnehmer kamen aus acht Nationen – und da Niki Lauda und Dieter

Professor Fiala und sein See-Golf: Der Technik-Vorstand des Hauses VW zeigte 1983 ein GLI-Cabrio, dem zwei hydraulisch bewegte Schwimmer und eine Antriebsschraube am Heck erstaunliche nautische Fähigkeiten verliehen.

Kürten im Festzelt für die Stimmung sorgten, hatten sich die Organisatoren im Winter 1985 zusammengesetzt, um den Interessenten für das Treffen im Sommer 1986 klarzumachen, daß soviel gute Stimmung und Begeisterung nur noch für ein Chaos sorgen kann. Es wurden einfach zuviel Teilnehmer in Maria Wörth – der kleine Ort platzte aus seinen Nähten, die Hotel- und Camping-Plätze reichten nicht mehr aus, das große Festzelt wurde zu klein und die Uferpromenade für alle Fahrzeuge zu kurz. Dazu zeigte sich, daß einige GTI-Besitzer einen Corso mit einem Freibrief für durchdrehende Reifen

Der »Funkberater«-Golf des österreichischen Rallye-Fahrers Franz Wittmann dürfte 1985 beim Korso in Maria Wörth der stärkste aller Teilnehmer gewesen sein: Mit rund 195 PS hatte er keine Gegner zu fürchten.

und die permanente Benutzung der Hupe verwechselten, so daß sich bei etlichen Anwohnern die Sympathie für dieses Treffen ins Gegenteil verwandelte.

1986 wurde dann zwar der Vorsatz, die Teilnehmerzahl zu reduzieren, nicht verwirklicht – es waren wieder rund 3000 Mitglieder zu begrüßen –, die Stimmung war aber besser, da die GTI-Fans erkannt hatten, daß man mit mehr »Miteinander« auch mehr Spaß haben konnte.

Für das Jahr 87 hatte sich VW dann einen besonderen Einfall geleistet: Einen garantiert nicht

rostenden Golf. 17 Auszubildende der Steinmetzschule Königslutter hatten den Star des GTI-Treffens aus einem Granitblock herausgemeißelt – genauer gesagt: Aus einem über 400 Millionen Jahre alten schwedischen Granitblock.

1000 GTI-Fans ließen es sich nicht nehmen, den 25 Tonnen schweren Granit-GTI zu seinem letzten Parkplatz zu ziehen, wo er dann von VW-Chef Dr. Carl Hahn höchstpersönlich enthüllt wurde.